# UML2
## pour les
## développeurs

### Cours avec exercices corrigés

# Xavier Blanc
# Isabelle Mounier

# UML2
# pour les
# développeurs

## Cours avec exercices corrigés

*Avec la contribution de Cédric Besse
et la collaboration de Olivier Salvatori*

**EYROLLES**

ÉDITIONS EYROLLES
61, bd Saint-Germain
75240 Paris Cedex 05
www.editions-eyrolles.com

*À mon mari Jean-Luc et à mes fils Julien, Romain et Clément*
Isabelle

*À ma femme Virginie, à mes fils Arthur et Louis et au troisième à venir*
Xavier

# Préface

UML est un langage de modélisation très complet, qui couvre de nombreux aspects du développement des logiciels, comme les exigences, l'architecture, les structures et les comportements.

Depuis sa normalisation, en 1997, UML a fortement évolué, passant d'un langage peu formel, principalement destiné à la documentation, à un langage suffisamment précis pour que des applications puissent être générées à partir des modèles. Cette évolution vers une plus grande précision a cependant créé une césure entre les tenants du « tout-modèle », qui demandent toujours plus de formalisme, et les développeurs, qui apprécient UML pour sa capacité à capturer en quelques dessins les grandes lignes d'une application.

Le mieux étant l'ennemi du bien, pour satisfaire les uns, il a fallu complexifier UML au-delà du besoin des autres. En pratique, l'effort de formalisation et d'abstraction requis par une utilisation complète du langage de modélisation peut souvent s'avérer contre-productif lorsque l'écriture de code est l'objectif immédiat.

Dans cet ouvrage, Xavier Blanc et Isabelle Mounier présentent une approche de développement de logiciels dans laquelle modélisation et programmation se complètent harmonieusement. Leur démarche me semble très pertinente, car elle permet aux développeurs de bénéficier tout de suite d'une large part des avantages de la modélisation avec UML, tout en restant dans le monde de la programmation. Loin de forcer les développeurs à migrer vers un état d'esprit « tout-modèle », dans lequel la production de code apparaîtrait comme une activité subalterne, les auteurs nous montrent comment la modélisation et la programmation peuvent s'utiliser de manière conjointe et complémentaire.

*UML pour le développeur* est le fruit de l'expérience de Xavier et Isabelle, à la confluence des modèles et du code. Leur approche pragmatique et leur démarche méthodologique bien définie seront très utiles aux développeurs soucieux de concilier les vues abstraites des modèles avec du code concret, faisant directement partie de l'application à développer.

Pierre-Alain MULLER, maître de conférences, Triskell – INRIA Rennes

# Remerciements

Nous tenons à remercier ici tous ceux qui nous ont aidés directement et indirectement à rédiger cet ouvrage :

- Les étudiants de l'Université Pierre et Marie Curie qui ont suivi cet enseignement lors de sa mise en place.

- L'équipe pédagogique du module LI342, qui, par ses nombreuses remarques, a permis d'améliorer le contenu de cet enseignement.

- Les membres des thèmes Regal et Move du LIP6 pour nous avoir encouragés tout au long de ce projet.

- Frédéric Vigouroux pour avoir attentivement relu les versions préliminaires de cet ouvrage et y avoir apporté son regard critique.

# Avant-propos

UML (Unified Modeling Language) est aujourd'hui le langage de modélisation d'applications informatiques le plus important du marché. Il est supporté par la quasi-totalité des outils de développement, lesquels permettent l'édition de modèles UML et offrent des capacités telles que la génération de code, de test et de documentation, le suivi d'exigences ou encore le Reverse Engineering.

Pour autant, ce langage reste très complexe et n'est pas facile à assimiler, surtout lorsque nous souhaitons obtenir rapidement un gain de productivité. La raison à cela est que l'approche classique d'utilisation d'UML, que nous nommons *UML pour l'architecte,* vise surtout à utiliser les modèles UML comme des moyens de réflexion, d'échange et de communication entre les membres d'une même équipe de développement. Cette approche suit toutes les phases du cycle de vie des applications. La génération de code n'arrive alors qu'à la fin et n'est rentable que si nous avons respecté scrupuleusement toutes les phases antérieures. La difficulté de cet exercice nous fait mieux comprendre pourquoi les gains de productivité ne sont que rarement obtenus.

Une autre approche UML, que nous nommons *UML pour le développeur,* est déjà identifiée par quelques outilleurs du marché. Davantage adaptée au développeur qu'au travail en équipe, cette approche vise à obtenir des gains de productivité très rapidement. L'idée principale à la base de cette approche consiste à effectuer des allers-retours entre modèles UML et code dans l'objectif d'utiliser conjointement les meilleurs avantages de chacun des deux mondes (modèle et code). Ainsi, l'écriture d'algorithmes, la compilation et l'exécution sont laissées au niveau des langages de programmation, tandis que la découpe en packages ou l'application de patrons de conception s'effectue au niveau des modèles UML. Des synchronisations sont effectuées entre les modèles et le code afin d'assurer une cohérence de l'ensemble. Cette approche très pragmatique offre rapidement de forts gains de productivité.

Ces deux approches opposées compliquent l'apprentissage d'UML pour toute personne désireuse de savoir comment utiliser ce langage dans son propre contexte. De plus, tous les ouvrages existants adressent principalement l'approche *UML pour l'architecte* et ne font que peu de cas des mécanismes liant UML au code des applications. L'étudiant, tout comme le développeur de métier, ne peuvent dès lors mesurer pleinement les avantages de ce langage pour leur contexte, qui porte essentiellement sur le développement du code des applications.

C'est pourquoi nous présentons dans cet ouvrage un cours exclusivement dédié à l'approche *UML pour le développeur*. Notre objectif est de montrer la complémentarité que peut offrir UML à n'importe quel langage de programmation. Nous présentons dans chaque cas les gains de productivité que nous pouvons en obtenir.

## Une approche à contre-pied

Le déroulement pédagogique de ce cours est volontairement à contre-pied des cours UML classiques. Alors que ces derniers commencent invariablement par présenter les fameux diagrammes de cas d'utilisation et finissent par la génération de code, nous proposons l'inverse, en commençant par le code et en finissant par les diagrammes de cas d'utilisation. Notre objectif est de mettre au premier plan les mécanismes UML qui offrent directement des gains de productivité et d'en mesurer les impacts. Pour autant, les principales notions UML auront été introduites et commentées à la fin du cours.

## Organisation de ce cours

Le plan de ce cours est le suivant :

1.  *Un curieux besoin de modèles* : ce chapitre présente les principaux avantages des modèles UML afin de bien faire comprendre les relations entre modèle et code. Nous y définissons la notion de niveau d'abstraction qui permet de représenter une même application suivant différentes vues.

2.  *Diagrammes de classes UML* : ce chapitre présente le plus employé des diagrammes UML. Ce chapitre n'est pas un guide de référence du diagramme de classes. Nous présentons les concepts nécessaires dans le contexte de ce cours.

3.  *Reverse Engineering* : ce chapitre présente les principes du Reverse Engineering, qui consiste à construire automatiquement un modèle UML à partir de code. Nous définissons un ensemble de règles permettant de produire un diagramme de classes à partir du code d'une application.

4.  *Rétroconception et patrons de conception* : ce chapitre présente les opérations de restructuration d'applications effectuables sur des modèles UML. Nous expliquons le rôle des patrons de conception et comment les appliquer sur un diagramme de classes.

5.  *Génération de code* : ce chapitre présente les principes de la génération de code à partir de modèles UML. Nous définissons un ensemble de règles permettant de générer du code à partir d'un diagramme de classes.

6.  *Diagrammes de séquences* : ce chapitre présente les diagrammes de séquence. Nous expliquons en quoi ces diagrammes sont nécessaires pour mieux comprendre le comportement d'une application. Nous insistons sur le fait qu'ils ne contiennent pas l'information nécessaire à la génération de code.

7.  *Diagrammes de séquences et tests* : ce chapitre présente l'utilisation des diagrammes de séquence pour la génération de tests. Nous expliquons les principes du test d'application et sa mise en œuvre par l'intermédiaire de diagrammes de séquence de test.

8.  *UML et les plates-formes d'exécution* : ce chapitre présente les relations entre UML et les plates-formes d'exécution afin de bien faire comprendre la capacité d'abstraction des modèles UML. Nous insistons sur le fait qu'il est important, pour une même application, d'avoir des modèles indépendants de la plate-forme d'exécution et d'autres plus étroitement liés à cette dernière.

9.  *Diagrammes de cas d'utilisation* : ce chapitre présente les diagrammes de cas d'utilisation. Ils sont utilisés pour représenter les fonctionnalités d'une application quel que soit le niveau d'abstraction considéré.

10. *Développement avec UML* : ce chapitre présente une méthode de développement avec UML permettant d'obtenir l'ensemble des diagrammes nécessaires à la représentation d'une application Nous partons cette fois de la description de l'application et nous expliquons l'ensemble des étapes à suivre pour obtenir le code de l'application tout en ayant construit l'ensemble des diagrammes nécessaires pour faire le lien entre tous les niveaux d'abstraction.

Pour rendre plus concrète les relations entre code et modèle, nous avons choisi de baser ce cours sur le langage Java. Tous les mécanismes de génération de code ou de Reverse Engineering que nous présentons s'appuient donc sur Java. Les principes que nous présentons dans ce cours sont cependant transposables vers d'autres langages de programmation.

Chaque cours est suivi d'un ensemble d'exercices complémentaires du cours. Nous soulignons que la lecture de la partie cours uniquement ne permet pas d'accéder à l'ensemble des informations présentées dans ce livre.

## À qui s'adresse ce cours ?

Cet ouvrage s'adresse principalement aux étudiants et aux développeurs de métier ayant des connaissances en programmation par objets et désireux de découvrir les bénéfices du langage UML pour le développement d'applications. Il ne s'agit pas d'un guide de référence sur UML.

Chaque notion importante dans le contexte du développement avec UML est introduite par un exemple, et chaque chapitre se clôt par une série d'exercices (91 au total) avec corrigés, qui permettront au lecteur de tester ses connaissances.

L'ouvrage s'adresse aussi aux enseignants désireux de transmettre les principes de base des langages de modélisation selon une approche pragmatique, en liaison avec les techniques classiques de développement d'applications.

# Table des matières

# 1

# Un curieux besoin de modèles

## Objectifs

■ Sensibiliser le lecteur à la complexité intrinsèque de la construction d'applications informatiques

■ Motiver le besoin de modéliser pour gérer cette complexité et non la simplifier

■ Comprendre la place du modèle par rapport au code

## Construction d'applications

En simplifiant à l'extrême, nous pourrions dire que la construction d'une application informatique se résume à réaliser du code pour répondre au besoin d'un utilisateur, aussi appelé client.

La figure 1.1 illustre cette simplification en prenant l'exemple de Word, qui a été conçu pour permettre, entre autres, à ses utilisateurs d'écrire des livres ou des lettres.

**Figure 1.1**

*Simplification extrême de la réalisation d'une application informatique*

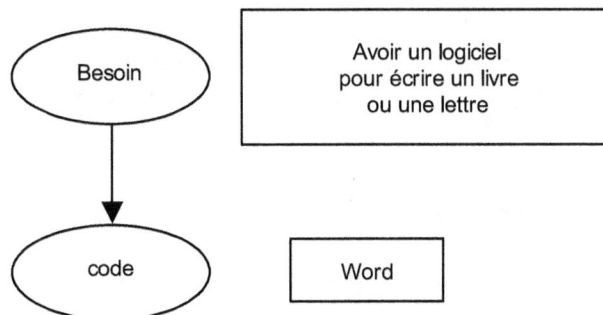

Cette simplification peut être considérée comme grossière. Elle a cependant le mérite de bien rappeler la finalité de l'activité de construction d'applications informatiques, qui est de réaliser le code.

Pour autant, la réalisation du code n'est pas la seule activité à effectuer lorsque nous souhaitons construire une application.

Parmi les autres activités non moins indispensables à effectuer, citons notamment les suivantes :

- S'assurer d'avoir bien compris le besoin de l'utilisateur afin de réaliser un code qui le satisfasse. Il ne faut pas se mettre à la place de l'utilisateur ni essayer d'imaginer son besoin. L'issue fatale serait alors de réaliser un code ne satisfaisant pas l'utilisateur.

- S'assurer d'avoir réalisé un code facilement modifiable, permettant de prendre en compte des évolutions futures.

- Définir l'architecture de l'application (définition de ses différents composants, indépendamment du langage de programmation) afin de bien comprendre les relations entre les composants de l'application.

- Réaliser une batterie de tests afin de mesurer, d'une certaine manière, la qualité du code.

- Effectuer un suivi des besoins de l'utilisateur afin d'intégrer des améliorations.

- Effectuer des corrections de bogues. La présence de bogues étant inévitable, il faut la gérer plutôt que la subir.

- Écrire la documentation utilisateur.

- Écrire la documentation d'installation de l'application.

- Écrire la documentation de l'application afin qu'une autre équipe de développeurs puisse reprendre le développement.

- Effectuer des tests de montée en charge afin de mesurer les capacités de résistance et la performance de l'application.

- Effectuer une séparation des tâches de développement afin de raccourcir les délais de livraison de l'application.

Ces activités visent à mieux structurer l'ensemble des tâches à effectuer lors de la construction d'une application. Notons, de plus, que certaines activités dépendent d'autres et qu'il faut parfois impérativement effectuer une activité avant d'en démarrer une autre.

La figure 1.2 présente une vision de l'ensemble de ces activités et de leur entrelacement (chaque flèche précise une dépendance dans la réalisation des activités). Cette figure fait bien ressortir la complexité intrinsèque de la construction d'une application. Nous voyons clairement qu'il y a beaucoup d'activités à réaliser et que l'ordre de réalisation de ces activités n'est pas trivial.

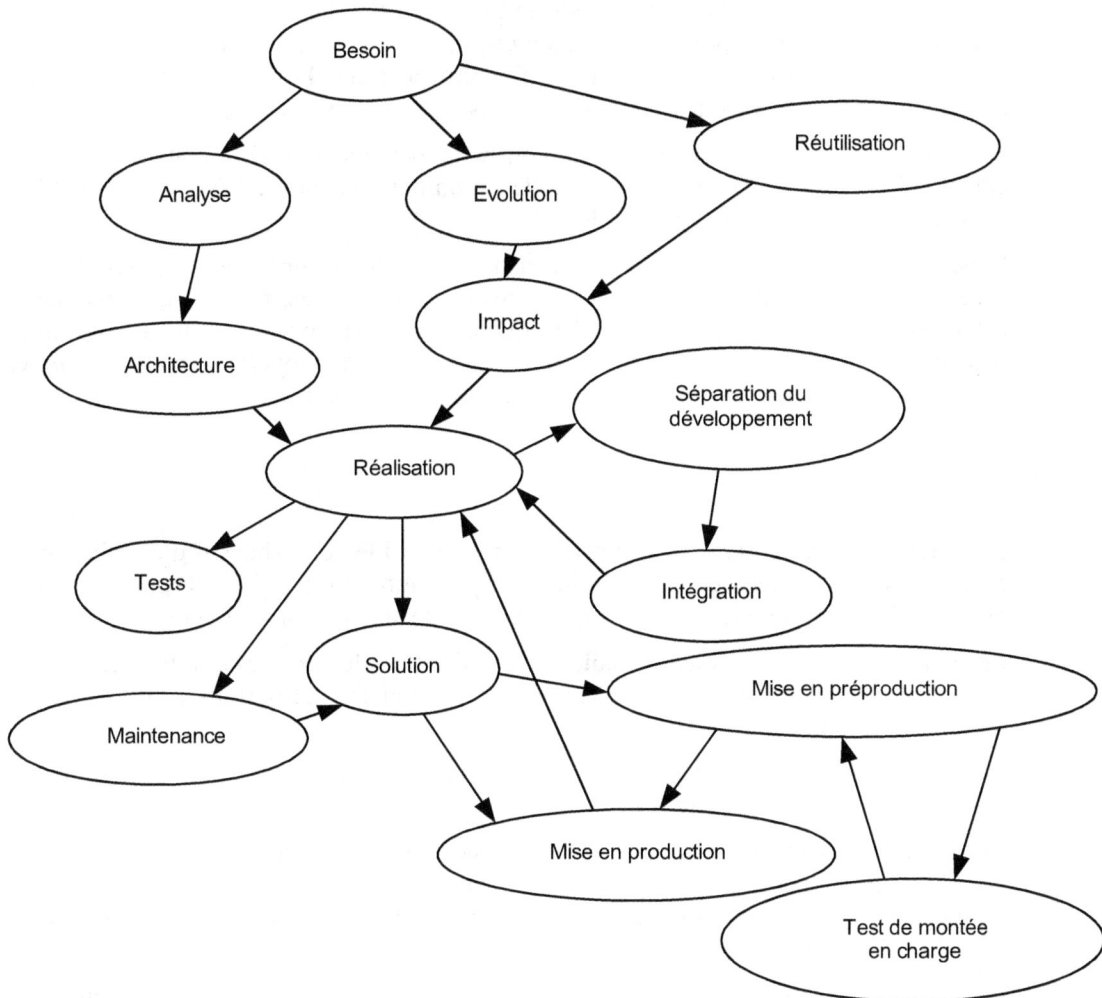

**Figure 1.2**

*Vision d'une partie des activités à réaliser pour construire une application*

Pour faire face à cette complexité de construction des applications informatiques, l'ingénierie logicielle propose depuis plusieurs années des méthodes et des techniques permettant de répondre aux questions suivantes :

- *Quand* réaliser une activité ?

- *Qui* doit réaliser une activité ?

- *Quoi* faire dans une activité ?

- *Comment* réaliser une activité ?

Ces questions synthétisent *grosso modo* le problème de la construction d'applications informatiques. Les deux premières visent à *identifier* et *organiser* les différentes activités nécessaires à la construction d'une application informatique. Les deux dernières visent à bien *définir* les travaux devant être réalisés dans chacune des activités.

L'étendue de la tâche et l'évolution constante des technologies nous font mieux comprendre pourquoi l'ingénierie logicielle est un domaine ouvert, dans lequel nombre de problèmes restent encore à résoudre.

Dans le cadre de ce cours, nous nous focalisons uniquement sur les activités relatives au code (génération, analyse, documentation, tests, etc.). De plus, nous ne traitons quasiment pas les deux questions relatives à l'organisation des activités (*quand* et *qui*). Notre objectif est de montrer en quoi les différentes techniques de modélisation UML (*quoi* et *comment*) permettent d'obtenir rapidement un gain de productivité.

## Le code

Nous avons introduit à la section précédente un ensemble non exhaustif d'activités qu'il est nécessaire de réaliser pour construire une application informatique. Dans cet ensemble, la réalisation du code n'apparaît que comme une activité parmi d'autres.

Cependant, comme nous l'avons indiqué, la réalisation du code reste la finalité. Toutes les autres activités visent soit à faciliter cette réalisation, soit à l'optimiser, soit à permettre son évolution.

Le code occupe donc une place particulière dans la construction d'une application informatique, mais laquelle exactement ?

Une première certitude est que, pour exécuter une application, il faut la coder. Le code est donc absolument nécessaire à l'exécution des applications. Peut-on dire pour autant que le code *soit* l'application ? En d'autres termes, peut-on considérer que le code, à lui seul, représente l'intégralité de l'application ?

Les questions suivantes permettent de mieux cerner la place du code dans une application informatique :

1. *Question.* Comment le code peut-il être utilisé pour faciliter la maintenance des applications informatiques ?

   *Réponse.* Nous pourrions penser à commenter le code afin de faciliter la mainte-nance, mais il faudrait alors définir le niveau de détail adéquat. La charte Linux propose, par exemple, de ne pas « surdocumenter » le code, car celui-ci devient vite illisible. Dans le projet Linux, les commentaires sont utilisés pour spécifier des travaux à faire ou des points délicats mais ne sont pas destinés à la maintenance. Nous pouvons donc considérer que le code ne peut pas réellement être utilisé pour faciliter la maintenance.

2. *Question.* Comment pouvons-nous retrouver les fonctionnalités d'une application en lisant le code ?

*Réponse.* C'est un travail difficile, qui ne peut être automatisé. Il est nécessaire de constituer une documentation différente du code pour expliquer à d'autres personnes les fonctionnalités de l'application.

3. *Question.* Comment pouvons-nous décrire la façon de mettre en production une application ?

*Réponse.* Le code ne sert à rien pour cela. Il est nécessaire de fournir une documentation d'installation.

4. *Question.* Comment pouvons-nous décrire la façon d'utiliser une application ?

*Réponse.* Le code ne sert à rien là non plus. Il est nécessaire de fournir une documentation d'utilisation.

Ces quelques questions-réponses permettent de comprendre, d'une part, que le code occupe une place indispensable dans la construction d'une application et, d'autre part, qu'il ne permet pas, à lui seul, de représenter toute l'application. Il est nécessaire d'avoir d'autres ressources (guide, documentation, etc.) pour supporter certaines activités de développement (maintenance, installation, etc.).

Pour illustrer cette différence entre code et application informatique, nous considérerons dans la suite du cours que la construction d'une application consiste à réaliser une solution au problème d'un utilisateur *(voir figure 1.3)*. Le code est la matérialisation de cette solution. En d'autres termes, le code seul ne suffit pas.

**Figure 1.3**

*Deuxième simplification de la réalisation d'une application*

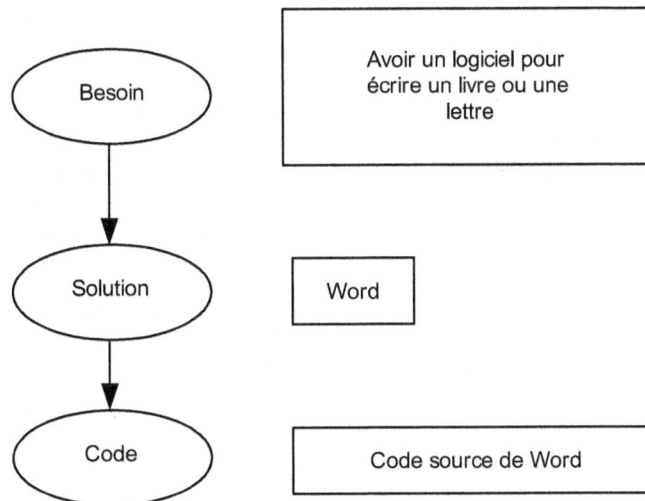

Nous considérons que, quel que soit le langage de programmation, le code a pour unique objectif d'être compilé et exécuté. Toutes les autres informations utiles au développement d'une application n'ont pas réellement leur place dans le code.

## Documentation

Ce constat de différence entre code et application informatique n'est pas nouveau. On s'accorde d'ailleurs aujourd'hui sur un ensemble de documents nécessaires à réaliser pour compléter le code.

Le tableau 1.1 recense un sous-ensemble des documents à réaliser lors de la construction d'une application. Ces documents sont échangés entre les clients de l'application et les différents membres de l'équipe de développement. Nous identifions parmi ces derniers l'architecte, dont le rôle est de concevoir les composants principaux de l'application, le développeur, dont le rôle est de développer les composants de l'application, et l'administrateur, dont le rôle est d'installer l'application afin qu'elle puisse être utilisée par l'utilisateur.

Insistons à nouveau sur le fait que ces documents ne peuvent être directement intégrés au code, que ce soit sous forme de commentaire ou autre.

**Tableau 1.1 Liste non exhaustive des documents nécessaires à la réalisation d'une application**

| Document | Fonction |
|---|---|
| **Documentation utilisateur** | Précise la façon dont on peut utiliser l'application. Un tel document peut aussi contenir une section décrivant la façon d'installer l'application. Ce document est rédigé par l'équipe de développement et est destiné aux utilisateurs de l'application. |
| **Documentation des services offerts par l'application** | Présente une vision macroscopique de l'application et liste les fonctionnalités réalisées par l'application. Ce document est rédigé par l'équipe de développement et est destiné aux utilisateurs de l'application. |
| **Documentation d'architecture de l'application** | Précise la façon dont l'application est structurée en terme de gros composants. Ce document est rédigé par les architectes et est destiné à tous les membres de l'équipe de développement. |
| **Documentation des logiciels nécessaires à l'utilisation de l'application** | Dresse la liste des logiciels nécessaires à l'installation et à l'exécution de l'application. Ce document est rédigé par l'équipe de développement et est destiné aux administrateurs, afin qu'ils puissent mettre l'application en production. |
| **Documentation des tests effectués** | Liste l'ensemble des tests qui ont été effectués sur l'application. On peut de la sorte tester à nouveau l'application après l'avoir modifiée et vérifier ainsi qu'elle ne génère pas d'erreurs sur certains scénarios d'utilisation (scénarios couverts par les tests). Ce document est rédigé par l'équipe de développement et est destiné aux développeurs futurs. |
| **Documentation de la conception de l'application** | Précise la conception de l'application (en terme de classes, par exemple). Ce document est rédigé par l'équipe de développement et est destiné aux développeurs. |
| **Spécification des besoins** | Précise les besoins exprimés par le futur utilisateur de l'application, aussi appelé client. Ce document est rédigé par le client et est destiné à l'équipe de développement. |

Cette liste donne la mesure de l'étendue du problème de la documentation des applications. Il faut non seulement rédiger énormément de documentations, mais surtout faire attention à ce que ces documentations soient compréhensibles (afin que rédacteurs et lecteurs se comprennent) et qu'elles soient cohérentes entre elles.

Ce problème peut être résumé de la façon suivante :

- Comment rédiger les documentations afin qu'elles soient intelligibles de manière non ambiguë (en anglais ? en français ? faut-il définir un dictionnaire commun ?) ?

- Comment s'assurer que les documentations ne contiennent pas d'incohérences ?

C'est pour répondre à ces questions que les modèles sont de plus en plus utilisés lors de la construction des applications.

## Les modèles

Avant de préciser en quoi les modèles sont intéressants pour la construction d'applications informatiques, il est intéressant de préciser la définition du terme *modèle*.

Le dictionnaire de la langue française en ligne TLFI *(Trésor de la langue française informatisé)* donne les définitions suivantes du mot « modèle » *(http://atilf.atilf.fr/tlf.htm)* :

- Arts et métiers : représentation à petite échelle d'un objet destiné à être reproduit dans des dimensions normales.

- Épistémologie : système physique, mathématique ou logique représentant les structures essentielles d'une réalité et capable à son niveau d'en expliquer ou d'en reproduire dynamiquement le fonctionnement.

- Cybernétique : système artificiel dont certaines propriétés présentent des analogies avec des propriétés, observées ou inférées, d'un système étudié et dont le comportement est appelé, soit à révéler des comportements de l'original susceptibles de faire l'objet de nouvelles investigations, soit à tester dans quelle mesure les propriétés attribuées à l'original peuvent rendre compte de son comportement manifeste.

Dans un contexte informatique, nous proposons la définition suivante, qui synthétise les trois définitions énoncées précédemment :

> Modèle (informatique et construction d'applications) : les modèles d'applications informatiques sont des représentations, à différents niveaux d'abstraction et selon plusieurs vues, de l'information nécessaire à la production et à l'évolution des applications.

Un modèle contient donc plusieurs informations sur une application informatique. Ces informations ont toutes vocation à faciliter d'une manière ou d'une autre la production du code de l'application. Un modèle peut, entre autres choses, préciser les différentes données manipulées par l'application (vue des données), préciser les différentes fonctionnalités directement offertes aux utilisateurs de l'application (vue des utilisateurs) et préciser les technologies, telles que Java, utilisées pour réaliser l'application (vue technique).

En d'autres termes, un modèle est composé de plusieurs vues sur une application. Chacune de ces vues contient certaines informations sur l'application. Ces vues peuvent cibler différents niveaux d'abstraction, et elles doivent être cohérentes.

La figure 1.4 schématise un modèle d'application composé de trois vues.

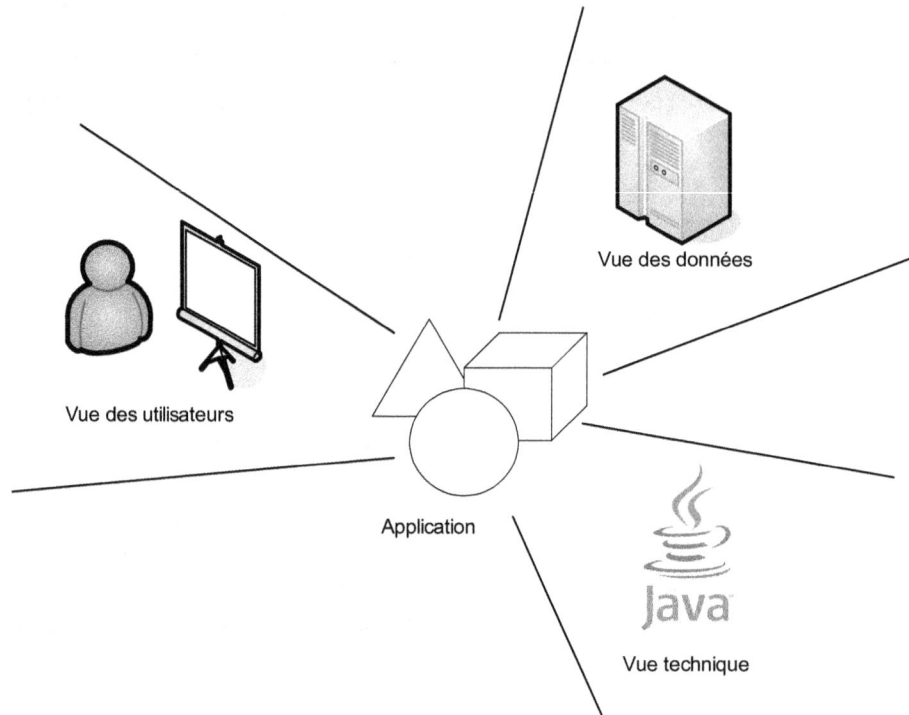

Les modèles intègrent donc différentes vues, à différents niveaux d'abstraction d'une même application informatique. L'ensemble des vues doit être cohérent ; deux vues ne doivent donc pas spécifier d'information incohérente.

Les modèles permettent ainsi d'harmoniser l'ensemble des documentations des applications informatiques en un unique ensemble cohérent.

Pour pouvoir utiliser des modèles, il faut définir un langage de modélisation partagé par tous. Nous traitons dans le cadre de ce cours du langage UML, qui est le langage de modélisation d'applications informatiques le plus largement partagé aujourd'hui.

# Modèles et code

Nous venons de voir que les modèles contenaient, selon différentes vues et à différents niveaux d'abstraction, l'information nécessaire à la production et à l'évolution des applications informatiques.

Rappelons que le code est différent du modèle. Il est, comme nous l'avons déjà indiqué, la matérialisation de la solution.

Cependant, il est important d'ajouter les précisions suivantes :

- Le code n'est pas plus détaillé que les modèles. En effet, le modèle devant contenir toute l'information permettant la production du code, un modèle doit être au moins aussi détaillé que le code.

- Faire un modèle n'est pas plus facile qu'écrire du code. En effet, le modèle contient beaucoup plus d'information que le code. De plus, ces informations fortement diversifiées se doivent d'être cohérentes. L'élaboration d'un modèle complet est donc un exercice encore plus difficile que la rédaction de code.

- Ne pas confondre niveau d'abstraction et niveau de précision. Nous entendons par abstraction le fait de pouvoir masquer dans une vue certaines informations inutiles par rapport à l'objectif bien défini de cette vue. Par exemple, il n'est pas intéressant de montrer les détails techniques Java dans la vue des données. Pour autant, toutes les informations de chaque vue doivent être précises.

- Les modèles doivent être productifs plutôt que déclaratifs. L'objectif des modèles est de contenir l'information nécessaire à la production et à l'évolution du code. Les informations contenues dans les modèles doivent donc être synchronisées avec le code. C'est la raison pour laquelle nous considérons les modèles comme des éléments de production plutôt que comme des éléments de documentation.

**Figure 1.5**

*Concept de modèle UML d'une application informatique, avec les vues, les niveaux d'abstraction, les relations de cohérence et la relation avec le code*

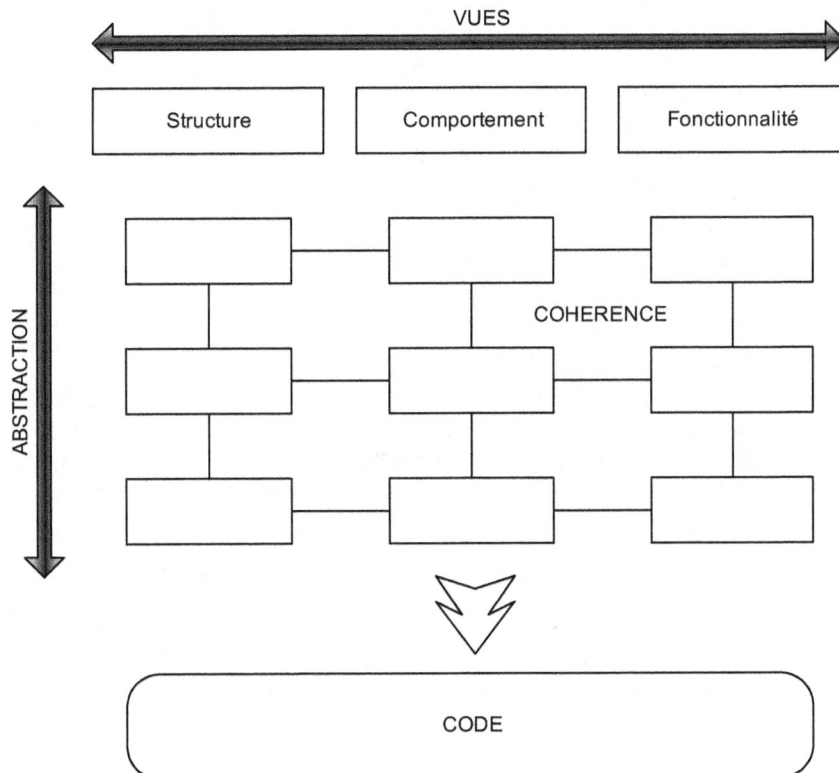

Notre cours se concentre sur le langage de modélisation UML. Plus précisément, parmi les vues proposées par ce langage, nous nous attacherons à présenter les vues « structurelle », « comportementale » et « fonctionnelle ».

Nous présenterons chacune de ces vues selon trois niveaux d'abstraction et expliquerons les relations de cohérence qui existent entre chacune de ces vues à chaque niveau d'abstraction. Nous préciserons de plus la relation de synchronisation qui existe entre le modèle UML et le code.

La figure 1.5 synthétise le concept de modèle tel que nous le présentons dans ce cours, avec ses différentes vues, ses différents niveaux d'abstraction, ses relations de cohérence et sa relation avec le code.

Nous considérons qu'un modèle est composé de neuf parties, une partie à chaque inter-section d'une vue et d'un niveau d'abstraction.

Nous nous attacherons tout au long de ce cours à préciser comment utiliser UML selon cette représentation.

# Synthèse

Dans ce premier chapitre, nous avons passé en revue toutes les activités nécessaires à la construction d'applications informatiques et ainsi souligné la complexité intrinsèque de cette tâche. Rappelons que ces activités permettent uniquement de gérer cette complexité, et non de la simplifier.

Nous avons ensuite présenté la place du code dans une application informatique, en insistant sur le fait que le code n'était que la matérialisation d'une application informatique. Nous avons détaillé une partie des documents nécessaires à la réalisation des applications. La définition de l'ensemble de ces documents permet essentiellement de répondre aux questions du *comment* et *quoi* élaborer.

Nous avons également introduit le concept de modèle. Les modèles d'applications informatiques sont des représentations, à différents niveaux d'abstraction, de l'information nécessaire à la production et à l'évolution des applications. Un modèle contient donc un ensemble d'informations cohérentes sur une application informatique.

Pour finir, nous avons précisé le concept de modèle tel qu'il sera étudié dans le cadre de ce cours, c'est-à-dire selon les vues « structurelle », « comportementale » et « fonctionnelle », sur trois niveaux d'abstraction. Nous présenterons de plus les relations de cohérence entre ces éléments de modèles ainsi que la relation de synchronisation avec le code.

Travaux dirigés

# TD1. Un curieux besoin de modèles

À partir du code donné en annexe de l'ouvrage, répondez aux questions suivantes.

**Question 1.** *En une phrase, quels sont les rôles de chacune des classes ?*

**Question 2.** *Peut-on dire qu'il existe des classes représentant des données et des classes représentant des interfaces graphiques ? Si oui, pourquoi et quelles sont ces classes ?*

**Question 3** *Est-il possible que le numéro de téléphone d'une personne soit +33 1 44 27 00 00 ?*

**Question 4** *Est-il possible que l'adresse e-mail d'une personne soit « je_ne_veux_pas_donner_mon_email » ?*

**Question 5** *Quelles sont les fonctionnalités proposées par les menus graphiques de cette application ?*

**Question 6** *Quelles sont les fonctionnalités réellement réalisées par cette application ?*

**Question 7** *Est-il possible de sauvegarder un répertoire dans un fichier ?*

**Question 8** *Si vous aviez à rédiger un document décrivant tout ce que vous savez sur cette application afin qu'il puisse être lu par un développeur qui veut réutiliser cette application et un chef de projet qui souhaite savoir s'il peut intégrer cette application, quelles devraient être les caractéristiques de votre document ?*

**Question 9** *Rédigez un document présentant l'application* `MyAssistant`.

**Question 10** *Rédigez un document décrivant les fonctionnalités de l'application* `MyAssistant`.

**Question 11** *Rédigez un document décrivant l'architecture générale de l'application* `MyAssistant`.

Ce TD aura atteint son objectif pédagogique si et seulement si :

- Vous avez conscience que le code seul ne suffit pas pour décrire une application.
- Vous avez conscience que la construction de documentations est un travail laborieux et délicat.
- Vous commencez à comprendre l'intérêt de la modélisation.

# 2

# Diagrammes de classes

## Objectifs

■ Présenter les concepts UML relatifs à la vue structurelle (diagramme de classes)

■ Présenter la notation graphique du diagramme de classes UML

■ Expliquer la sémantique des classes UML (compatible avec la sémantique des langages de programmation orientés objet)

## Vue structurelle du modèle UML

La vue structurelle du modèle UML est la vue la plus utilisée pour spécifier une application. L'objectif de cette vue est de modéliser la structure des différentes classes d'une application orientée objet ainsi que leurs relations.

### Paradigme orienté objet

Conçu à l'origine, au cours des années 1990, pour faciliter la construction d'applications orientées objet (OO), le langage UML a ensuite fortement évolué jusqu'à sa version 2.1 actuelle. Néanmoins, UML reste toujours très OO. Les concepts qu'il propose pour modéliser la vue structurelle sont donc les concepts de classe et d'objet.

UML définit cependant sa propre sémantique OO, laquelle ressemble à la sémantique des langages de programmation objet Java ou C++. Il est donc important de considérer UML comme un langage à part entière, et non comme une couche graphique permettant de dessiner des applications Java ou C++.

L'objectif de l'ensemble de ce cours étant de présenter UML pour le développeur, un minimum de connaissances du paradigme orienté objet est requis. Les concepts élémentaires suivants du paradigme objet seront donc supposés connus :

- objet
- classe
- instance
- héritage
- polymorphisme
- encapsulation

## Concepts élémentaires

Les concepts élémentaires que nous présentons dans cette section sont les plus employés pour la réalisation de la vue structurelle d'un modèle UML.

### Classe

*Sémantique*

En UML, une classe définit la structure commune d'un ensemble d'objets et permet la construction d'objets instances de cette classe. Une classe est identifiée par son nom.

*Graphique*

Une classe se représente à l'aide d'un rectangle, qui contient le nom de la classe. La figure 2.1 illustre la classe nommée Personne.

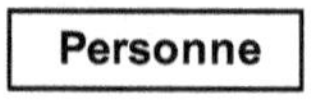

**Figure 2.1**

*Représentation graphique d'une classe*

> **Personne**

### Interface

*Sémantique*

En UML, une interface définit un contrat que doivent respecter les classes qui réalisent l'interface. Une interface est identifiée par son nom. Les objets instances des classes qui réalisent des interfaces sont aussi des instances des interfaces. Une classe peut réaliser plusieurs interfaces, et une interface peut être réalisée par plusieurs classes.

*Graphique*

Une interface se représente de deux façons : soit à l'aide d'un rectangle contenant le nom de l'interface, au-dessus duquel se trouve la chaîne de caractères «interface», soit à l'aide d'un cercle, au-dessous duquel se trouve le nom de l'interface *(voir figure 2.2).*

**Figure 2.2**

*Représentations
graphiques
d'une interface*

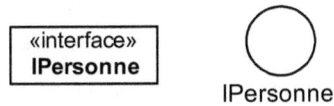

«interface»
**IPersonne**

IPersonne

La relation de réalisation entre une classe et une interface est représentée par une flèche pointillée à la tête en forme de triangle blanc.

La figure 2.3 représente la classe Personne qui réalise l'interface IPersonne.

**Figure 2.3**

*Représentation
graphique d'une
relation de
réalisation*

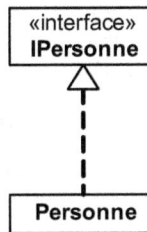

«interface»
**IPersonne**

**Personne**

### Propriété (anciennement appelée attribut) d'une classe ou d'une interface

*Sémantique*

Les classes et les interfaces peuvent posséder plusieurs propriétés. Une propriété a un nom et un type. Le type peut être soit une classe UML, soit un type de base (integer, string, boolean, char, real). Un objet instance de la classe ou de l'interface doit porter les valeurs des propriétés de sa classe.

*Graphique*

Les propriétés d'une classe ou d'une interface se représentent dans le rectangle représentant la classe ou l'interface. Chaque propriété est représentée par son nom et son type.

La figure 2.4 présente la classe Personne, avec sa propriété nom de type string.

**Figure 2.4**

*Représentation
graphique
d'une propriété
d'une classe*

**Personne**
nom : string

### Opération d'une classe ou d'une interface

*Sémantique*

Les classes et les interfaces peuvent posséder plusieurs opérations. Une opération a un nom et des paramètres et peut lever des exceptions. Les paramètres sont typés et ont un sens (in, out, inout, return).

Un objet instance de la classe ou de l'interface est responsable de la réalisation des opérations définies dans la classe ou dans l'interface.

Si le sens d'un paramètre de l'opération est `in`, l'objet appelant l'opération doit fournir la valeur du paramètre. Si le sens d'un paramètre de l'opération est `out`, l'objet responsable de l'opération doit fournir la valeur du paramètre. Si le sens d'un paramètre de l'opération est `inout`, l'objet appelant l'opération doit fournir la valeur du paramètre, mais celle-ci peut être modifiée par l'objet responsable de l'opération.

Un seul paramètre peut avoir `return` comme sens, et il n'est alors pas nécessaire de préciser le nom de ce paramètre. Si une opération possède un paramètre dont le sens est `return`, cela signifie que l'objet responsable de l'opération rend cette valeur comme résultat de l'opération. L'apport de la direction `return` par rapport à la direction `out` est de faciliter la combinaison de fonction.

Pour finir, les exceptions d'une opération sont typées.

Il est important de souligner que les opérations UML ne définissent pas le comportement qui sera réalisé lors de l'invocation de l'opération. Nous verrons dans la suite du cours comment ce comportement est intégré dans le modèle.

*Graphique*

Les opérations d'une classe ou d'une interface se représentent dans le rectangle représentant la classe ou l'interface. Chaque opération est représentée par son nom et ses paramètres. Il est aussi possible de masquer les paramètres de l'opération.

La figure 2.5 présente la classe `Personne` avec son opération `getNom`.

**Figure 2.5**

*Représentation
graphique
d'une opération
d'une classe*

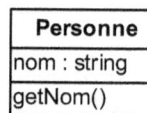

| Personne |
| --- |
| nom : string |
| getNom() |

**Héritage entre classes**

*Sémantique*

En UML, une classe peut hériter d'autres classes. L'héritage entre classes UML doit être considéré comme une inclusion entre les ensembles des objets instances des classes. Les objets instances des sous-classes sont des objets instances des superclasses. En d'autres termes, si une classe A hérite d'une classe B, l'ensemble des objets instances de A est inclus dans l'ensemble des objets instances de B.

Ce faisant, tout objet instance de A doit posséder les valeurs des propriétés définies dans A et dans B et doit être responsable des opérations définies dans A et dans B.

Nous verrons dans la suite de ce cours que la relation d'héritage entre deux classes appartenant à des packages différents dépend de certaines règles.

*Graphique*

La relation d'héritage entre deux classes est représentée par une flèche à la tête en forme de triangle blanc.

La figure 2.6 représente la classe Personne, qui hérite de la classe EtreVivant.

**Figure 2.6**

*Représentation graphique de la relation d'héritage entre classes*

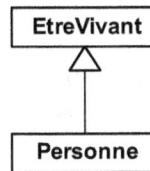

## Package

*Sémantique*

Un package permet de regrouper des classes, des interfaces et des packages. Classes, interfaces et packages ne peuvent avoir qu'un seul package dans lequel ils sont regroupés. La possibilité d'établir un lien entre des classes et des interfaces dépend du lien qui existe entre les packages qui les contiennent.

Nous détaillons ces concepts avancés à la section suivante.

*Graphique*

Les packages se représentent à l'aide d'un rectangle possédant un onglet dans lequel est inscrit le nom du package. Les éléments contenus se représentent dans le rectangle. La taille du rectangle s'adapte à la taille de son contenu.

La figure 2.7 représente le package nommé personnel, qui contient la classe Personne.

**Figure 2.7**

*Représentation graphique d'un package*

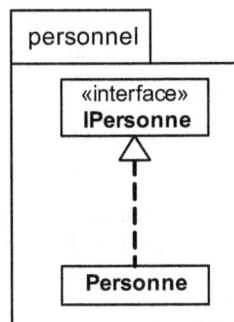

## Import de package

*Sémantique*

Afin que les classes d'un package puissent hériter des classes d'un autre package ou y être associées *(voir section suivante)*, il faut préciser une relation d'import entre ces deux packages. La relation d'import est monodirectionnelle, c'est-à-dire qu'elle comporte un package source et un package cible. Les classes du package source peuvent avoir accès aux classes du package cible.

Nous revenons sur cette sémantique au chapitre 4 de ce cours, mais nous pouvons déjà mentionner que nous considérons comme interdits les cycles de relations d'import entre plusieurs packages.

*Graphique*

La relation d'import entre deux packages s'exprime à l'aide d'une flèche en pointillé. La chaîne de caractères `access element` inscrite au-dessus de cette flèche peut être optionnellement positionnée.

La figure 2.8 présente la relation d'import entre deux packages P1 et P2 contenant respectivement les classes A et B. Nous considérons ici que la classe A a besoin d'accéder à la classe B.

**Figure 2.8**

*Représentation graphique de la relation d'import entre deux packages*

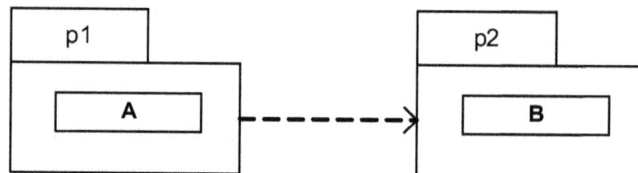

## Note

*Sémantique*

Une note UML est un paragraphe de texte qui peut être attaché à n'importe quel élément du modèle UML (package, classe, propriété, opération, association). Le texte contenu dans la note permet de commenter l'élément ciblé par la note.

*Graphique*

Les notes se représentent à l'aide d'un rectangle contenant le texte et dont un des coins est corné. Une ligne discontinue permet de relier la note à l'élément du modèle qu'elle cible.

La figure 2.9 représente une note attachée à l'opération nommée `getNom()`.

**Figure 2.9**

*Représentation graphique d'une note associée à une opération*

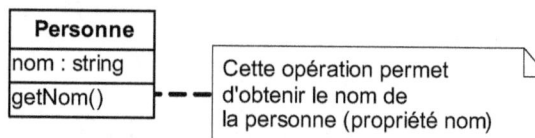

## Associations entre classes

Le langage UML définit le concept d'association entre deux classes. Ce concept très intéressant, qui ne fait pas partie des concepts élémentaires du paradigme objet, permet de préciser les relations qui peuvent exister entre plusieurs objets.

En UML, une association se fait entre deux classes. Elle a un nom et deux extrémités, qui permettent de la connecter à chacune des classes associées. Lorsqu'une association est définie entre deux classes, cela signifie que les objets instances de ces deux classes peuvent être reliés entre eux.

La figure 2.10 présente l'association nommée `habite`, qui associe les classes `Personne` et `Adresse`. Cette association signifie que les objets instances de la classe `Personne` et les objets instances de la classe `Adresse` peuvent être reliés. En d'autres termes, cela signifie que des personnes habitent à des adresses.

**Figure 2.10**

*Représentation graphique d'une association nommée*

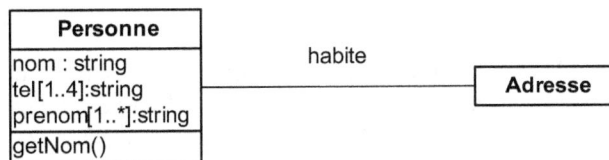

Chaque extrémité de l'association a un nom de rôle, qui permet d'identifier chacune des classes liées dans le contexte de l'association.

La figure 2.11 représente la même association en précisant le nom des rôles de chaque classe liée. Dans le contexte de cette association, la classe `Personne` représente l'habitant alors que la classe `Adresse` représente la résidence. En d'autres termes, cette association signifie que les personnes habitent à des adresses et qu'ils sont les habitants de ces résidences.

**Figure 2.11**

*Représentation graphique d'une association et de ses rôles*

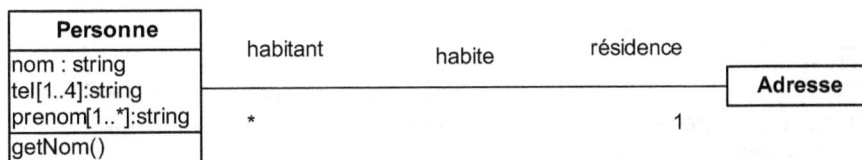

En UML, il est possible de spécifier à chaque extrémité les nombres minimal et maximal d'objets devant être reliés.

La figure 2.12 représente la même association en précisant les nombres minimal et maximal d'objets devant être reliés. La lecture de ce diagramme est la suivante :

- `résidence 1` : pour 1 habitant, il y a au minimum 1 résidence et au maximum 1 résidence.

- habitant * : pour 1 résidence, il y a au minimum 0 habitant et au maximum une infinité d'habitants.

En UML, il est possible de rendre chacune des extrémités navigable ou non. Si une extrémité est navigable, cela signifie que l'objet peut naviguer vers l'autre objet auquel il est relié et ainsi obtenir les valeurs de ses propriétés ou invoquer les opérations dont il est responsable.

À la figure 2.12, les habitants peuvent naviguer vers leurs résidences (et pas l'inverse), ce qui permet d'obtenir, par exemple, le numéro de rue.

**Figure 2.12**

*Représentation graphique d'une association navigable*

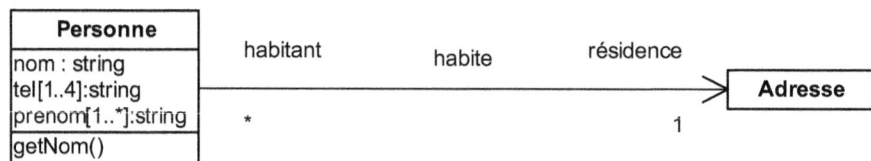

Pour finir, il est possible en UML de préciser des sémantiques de contenance sur les associations. Par exemple, il est possible de préciser sur une extrémité qu'une classe associée joue un rôle de conteneur, l'autre classe jouant le rôle de contenu.

UML propose deux sémantiques de contenance : une sémantique de contenance faible, dite d'agrégation, qui permet de préciser que les éléments contenus peuvent être partagés entre plusieurs conteneurs, et une sémantique de contenance forte, dite composition, qui permet de préciser que les éléments contenus ne peuvent être partagés entre plusieurs conteneurs.

Du point de vue graphique, la relation de contenance se représente à l'aide d'un losange sur l'extrémité. Le losange est blanc pour l'agrégation et noir pour la composition.

La figure 2.13 précise que la classe Personne joue un rôle de conteneur pour la classe CompteBancaire dans le cadre de l'association moyens de paiement, ce qui signifie qu'un compte bancaire ne peut être le « moyen de paiement » que d'une seule personne.

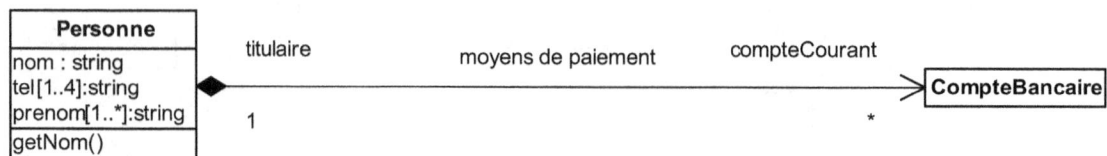

**Figure 2.13**

*Représentation graphique d'une association de composition*

## Concepts avancés

Les concepts élémentaires que nous venons de présenter sont largement utilisés pour modéliser la vue comportementale d'une application. Les concepts avancés que nous présentons le sont moins mais permettent cependant de faciliter la réalisation des opérations de Reverse Engineering et de génération de code que nous présenterons dans les chapitres suivants de ce cours.

### Classe abstraite

*Sémantique*

Une classe UML peut être abstraite. Dans ce cas, elle ne peut pas directement instancier un objet.

Dans une classe abstraite, il est possible de préciser que certaines propriétés et certaines opérations sont abstraites. Ce sont précisément les valeurs de ces propriétés et les responsabilités de ces opérations que les objets ne peuvent pas supporter directement. C'est la raison pour laquelle aucun objet ne peut être directement instance d'une classe abstraite.

Pour que des objets soient instances d'une classe abstraite, il faut obligatoirement qu'ils soient instances d'une classe non abstraite, laquelle hérite de la classe abstraite et rend non abstraites les propriétés et les opérations abstraites.

*Graphique*

En UML 2.0, il n'existe pas de représentation graphique particulière pour les classes abstraites. En UML 1.4, il fallait mettre le nom de la classe en italique.

### Multiplicité des propriétés et des paramètres

*Sémantique*

Il est possible de préciser qu'une propriété ou un paramètre peut porter plusieurs valeurs. UML permet de préciser les nombres minimal et maximal de ces valeurs. Préciser qu'une propriété peut avoir au minimum une valeur et au maximum une infinité de valeurs revient à préciser que la propriété est un tableau infini.

*Graphique*

Pour les propriétés et les paramètres, les nombres minimal et maximal des valeurs apparaissent entre crochets. Le caractère * est utilisé pour préciser que le nombre maximal de valeurs est infini.

La figure 2.14 présente différentes propriétés en précisant des nombres minimal et maximal de valeurs.

**Figure 2.14**

*Représentation graphique des multiplicités des propriétés*

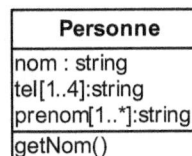

| Personne |
| --- |
| nom : string |
| tel[1..4]:string |
| prenom[1..*]:string |
| getNom() |

**Visibilité des classes, des propriétés et des opérations**

*Sémantique*

Il est possible de préciser la visibilité des propriétés et des opérations des classes. Les visibilités portent sur les accès aux propriétés et aux opérations. On dit qu'une classe A accède à la propriété d'une classe B si le traitement associé à une opération de A utilise la propriété de B. On dit qu'une classe A accède à l'opération d'une classe B si le traitement associé à une opération de A fait un appel à l'opération de B.

Les visibilités proposées par UML 2.0 sont les suivantes :

• public : la propriété ou l'opération peuvent être accédées par n'importe quelle autre classe.

• private : la propriété ou l'opération ne peuvent être accédées que par la classe elle-même.

• protected : la propriété ou l'opération ne peuvent être accédées que par des classes qui héritent directement ou indirectement de la classe qui définit la propriété ou l'opération.

*Graphique*

Dans la représentation graphique de l'élément, les visibilités sont représentées de la façon suivante :

• Le caractère + est utilisé pour préciser la visibilité public.

• Le caractère - est utilisé pour préciser la visibilité protected.

• Le caractère # est utilisé pour préciser la visibilité private.

**Propriétés et opérations de classe**

*Sémantique*

Il est possible de préciser que la valeur d'une propriété définie par une classe est portée directement par la classe elle-même (et non par chacun des objets). De même, il est possible de préciser qu'une classe est directement responsable d'une opération qu'elle définit. On appelle ces propriétés et ces opérations des éléments de niveau « classe ».

*Graphique*

Dans la représentation graphique de la classe, les propriétés et les opérations de niveau classe sont soulignées.

# Synthèse

Dans ce deuxième chapitre, nous avons présenté le diagramme de classes UML qui permet de représenter la vue structurelle des applications informatiques. Ce chapitre ne se veut pas un guide de référence du diagramme de classes. Nous avons simplement présenté les concepts relatifs à ce diagramme dont nous aurons besoin dans la suite du cours.

En introduisant ces concepts, nous avons détaillé aussi bien leur sémantique propre que la façon de la représenter graphiquement. Rappelons que la sémantique de ces concepts est proche de celle des langages de programmation orientés objet sans lui être équivalente.

Pour finir, soulignons le fait que les diagrammes de classes UML peuvent être employés à tout niveau d'abstraction. Rien n'empêche de représenter une application informatique à l'aide d'une seule classe (haut niveau d'abstraction) ou de représenter tous les composants de cette application comme des classes (bas niveau d'abstraction).

## Travaux dirigés

# TD2. Diagrammes de classes

**Question 12** *Définissez la classe UML représentant un étudiant, caractérisé, entre autres, par un identifiant, un nom, un prénom et une date de naissance.*

**Question 13** *Définissez la classe UML représentant un enseignant, caractérisé, entre autres, par un identifiant, un nom, un prénom et une date de naissance.*

**Question 14** *Définissez la classe UML représentant un cours, caractérisé par un identifiant, un nom, le nombre d'heures de cours magistral, le nombre d'heures de travaux dirigés et un nombre d'heures de travaux pratiques que doit suivre un étudiant.*

**Question 15** *Définissez les associations qui peuvent exister entre un enseignant et un cours.*

**Question 16** *Définissez la classe UML représentant un groupe d'étudiants en utilisant les associations.*

**Question 17** *Définissez l'association possible entre un groupe d'étudiants et un cours.*

**Question 18** *Pensez-vous qu'il soit possible de définir un lien d'héritage entre les classes UML représentant respectivement les étudiants et les enseignants ?*

**Question 19** *Pensez-vous qu'il soit possible de définir un lien d'héritage entre les classes UML représentant respectivement les étudiants et les groupes d'étudiants ?*

**Question 20**  *On nomme `coursDeLEtudiant()` l'opération permettant d'obtenir l'ensemble des cours suivis par un étudiant. Positionnez cette opération dans une classe, puis précisez les paramètres de cette opération, ainsi que les modifications à apporter aux associations préalablement identifiées pour que votre solution soit réalisable.*

**Question 21**  *On nomme `coursDeLEnseignant()` l'opération permettant d'obtenir l'ensemble des cours dans lesquels intervient un enseignant. Positionnez cette opération dans une classe, puis précisez les paramètres de cette opération, ainsi que les modifications à apporter aux associations préalablement identifiées pour que votre solution soit réalisable.*

**Question 22**  *Expliquez le diagramme de classes représenté à la figure 2.15.*

*Figure 2.15*
*Package planning*

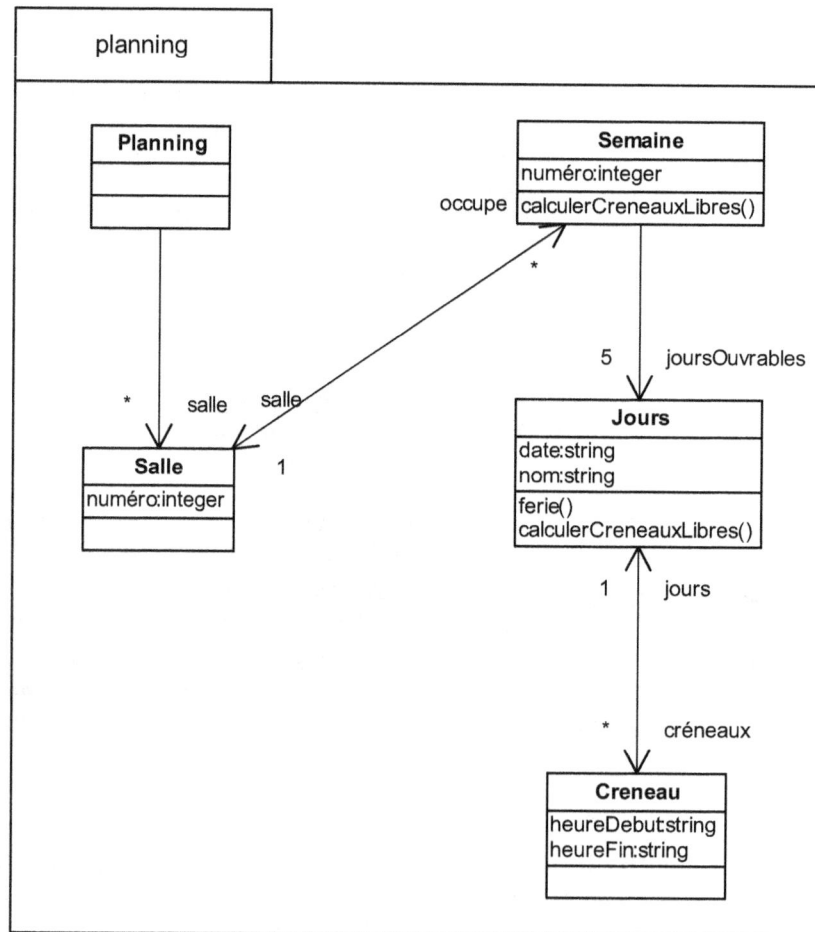

**Question 23**  *Positionnez toutes vos classes (`Etudiant`, `Enseignant`, `Cours`, `GroupeEtudiant`) dans un package nommé `Personnel`.*

**Question 24**  *Liez vos classes pour faire en sorte qu'un créneau soit lié à un cours !*

Ce TD aura atteint son objectif pédagogique si et seulement si :

- Vous maîtrisez la notion de classe.
- Vous maîtrisez la signification des associations et héritages entre classes.
- Vous avez compris la répercussion des associations entre classes sur les dépendances entre packages.

# 3

# Reverse Engineering

## Objectifs

■ Préciser les différences sémantiques entre modèle UML (partie diagramme de classes) et code (Java)

■ Présenter l'opération de Reverse Engineering et en identifier les gains et les limites

■ Présenter la différence entre modèle UML et diagramme UML

## Sémantiques UML et Java

Comme indiqué au chapitre précédent, le langage UML est conçu pour faciliter la construction d'applications orientées objet. La première version de ce langage, qui a été définie en 1995, a été très fortement influencée par les concepts des langages de programmation orientée objet de l'époque, tels que C++, Smalltalk, etc.

Les concepts UML de la partie relative au diagramme de classes, que nous avons présentés au chapitre précédent, sont donc des concepts orientés objet. En particulier, les concepts de classe, de propriété, d'opération et de package sont partagés par tous les langages de programmation orientée objet.

Afin de bien souligner l'adéquation du langage UML au paradigme objet, il est intéressant de rappeler que la première lettre de l'acronyme UML renvoie à *Unified*. Ce mot précise que le langage UML incarne l'unification de quasiment tous les langages de modélisation d'applications orientées objet.

## *Différences des sémantiques*

Si UML partage une sémantique commune avec les langages de programmation orientée objet, cela ne veut pas dire qu'il ait exactement la même sémantique que ces langages.

Comme chaque langage de programmation orientée objet, UML possède sa propre sémantique, laquelle présente des différences significatives avec les sémantiques des langages de programmation. Nous détaillons dans cette section une partie des différences entre la sémantique UML et la sémantique Java. Notre objectif est de montrer que les langages UML et Java ont chacun leur propre sémantique.

### Concepts UML inexistants dans les langages de programmation

*Association*

En Java, pour que des objets instances d'une classe A référencent des objets instances d'une classe B, il faut définir un attribut de type B dans la classe A. Il est de plus possible d'utiliser les tableaux Java afin qu'un objet instance d'une classe A référence plusieurs objets instances d'une classe B.

De manière similaire, UML permet de définir une propriété de type B dans une classe A. Il est aussi possible d'utiliser les multiplicités de cette propriété pour référencer plusieurs objets.

Pour autant, le concept UML d'association, que nous avons présenté au chapitre précédent, n'existe pas en Java, qui ne permet que de définir des références entre les classes, ce qui est différent des associations. En particulier, en Java, il n'est pas possible de préciser que deux références appartenant à deux classes correspondent à la même association et que l'une est l'opposée de l'autre.

*Import entre packages*

En Java, la notion de package n'existe qu'à travers la notion de classe. Il n'est donc pas possible de définir de package sans avoir au préalable défini une classe. Il n'est pas non plus possible de définir des règles d'import entre packages, car, en Java, la relation d'import est toujours définie entre une classe et un ensemble de classes qui peut être identifié par un nom de package.

En UML, la notion de package existe indépendamment de la notion de classe. Il est de plus possible, comme nous l'avons montré au chapitre précédent, de définir des relations d'import directement entre les packages.

*Direction des paramètres*

En Java, les valeurs des paramètres d'une opération sont toujours données par l'appelant de l'opération. L'appelé ne peut transmettre que la valeur de retour de l'opération. De plus, si un objet est transmis comme valeur de paramètre par l'appelant, l'appelé peut changer les valeurs des attributs de l'objet, mais non l'objet en lui-même (il n'est pas possible de remplacer l'objet par un autre objet).

En UML, les paramètres d'une opération ont une direction (`in`, `out`, `inout`, `return`), qui précise la façon dont les valeurs doivent être transmises. Dit autrement, Java ne supporte que les directions `in` et `return` d'UML.

## Concepts des langages de programmation inexistants en UML

### *Corps des méthodes*

Les langages de programmation permettent tous de coder le traitement associé à chaque opération. C'est d'ailleurs là que réside la logique de l'application. Curieusement, UML ne permet pas *(voir encadré)* de définir le traitement associé aux opérations des classes. Nous verrons néanmoins dans la suite de ce chapitre comment intégrer directement dans le modèle UML des morceaux de code Java pour pallier ce problème.

> **Traitements associés aux opérations UML**
>
> Il est de plus en plus possible de définir en UML les traitements associés aux opérations, notamment à l'aide de langages tels que OCL (Object Constraint Language) ou ActionSemantic. Cela reste toutefois un travail de recherche, dont les résultats ne sont pas encore disponibles dans les outils UML du marché. Dans le cadre de ce cours, nous considérons donc qu'il n'est pas possible de définir en UML les traitements associés aux opérations.

### *Sémantique d'appel d'opération*

Chaque langage de programmation définit sa propre sémantique d'appel d'opération. En Java, par exemple, les opérations sont appelées de manière synchrone, l'appelant devant attendre la fin du traitement associé à l'opération avant de pouvoir faire quoi que ce soit d'autre.

Il est cependant possible de réaliser en Java des appels asynchrones en utilisant le mécanisme de thread. En UML, aucune sémantique d'appel d'opération n'est imposée. Celle-ci n'apparaît pas dans la partie structurelle du modèle. Nous verrons au chapitre 6 qu'il est possible de modéliser différentes sémantiques d'appel d'opération dans la partie comportementale du modèle.

### *API*

Chaque langage de programmation dispose de sa propre API (Application Programming Interface). C'est d'ailleurs ce qui fait la richesse du langage de programmation.

Java dispose d'une API particulièrement riche, qui permet, entre autres choses, d'appliquer des opérations arithmétiques élémentaires, d'envoyer des messages sur Internet, d'écrire et de lire dans des fichiers et d'afficher des composants graphiques.

UML ne propose aucune API. Il est d'ailleurs impossible de modéliser en UML l'application HelloWorld, car il n'existe aucune API permettant d'afficher une chaîne de caractères à l'écran (équivalant du `System.out.println` de Java).

### Concepts communs à UML et aux langages de programmation qui n'ont pas le même sens

*Héritage*

En Java, seul l'héritage simple entre classes est autorisé. Il n'est donc pas possible de faire en sorte qu'une classe hérite de plusieurs classes. Il est toutefois possible d'utiliser le concept Java d'interface, puisqu'une classe Java peut réaliser plusieurs interfaces Java. En UML, l'héritage multiple est autorisé.

*Types de base*

Comme tout langage de programmation, Java possède un ensemble relativement fourni de types de base (byte, short, int, long, float, double, boolean, char). À cet ensemble peuvent s'ajouter d'autres types définis dans l'API, tels que le type String. Depuis Java 1.5, il est en outre possible de définir des types énumérés.

UML ne propose pour sa part que peu de types de base (Integer, String, Boolean, Char, Real). La raison à cela est que, historiquement, UML a été conçu pour être un langage de modélisation. Il n'était donc pas nécessaire d'avoir un système de typage aussi fin que dans un langage de programmation.

## Synthèse entre UML et les langages de programmation

Nous venons de monter que UML et Java présentaient des similitudes aussi bien que des différences de sémantique. Cette relation entre UML et Java vaut d'ailleurs pour n'importe quel autre langage de programmation.

La figure 3.1 représente une partie des similitudes et divergences des sémantiques Java et UML, qui se révéleront très importantes dans la suite de notre cours.

**Figure 3.1**

*Schématisation de la relation existant entre les sémantiques UML et Java*

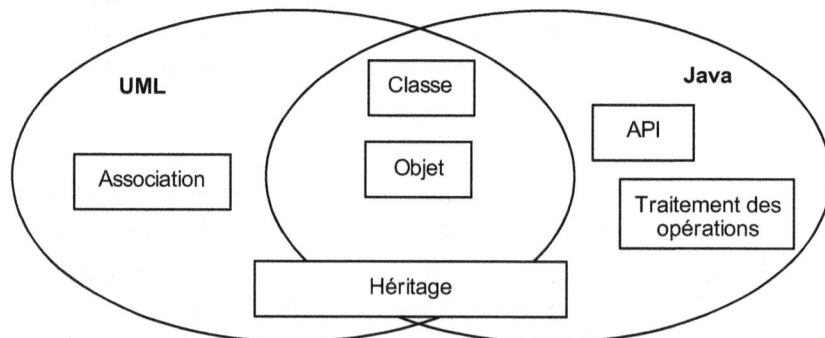

## Passage de code Java vers les diagrammes de classes

Avant de présenter la façon dont nous pouvons construire automatiquement un diagramme de classes à partir d'un programme Java, il est important de bien préciser l'objectif de l'opération de Reverse Engineering.

Rappelons d'abord ce que nous avons déjà indiqué aux chapitres précédents, à savoir que le code n'est que la matérialisation de la solution. Notre objectif, quand nous voulons construire un diagramme de classes à partir du code, est de construire le modèle de la solution à partir de sa matérialisation.

Le fait de ne construire que le diagramme de classes implique que nous ne construisons qu'une partie du modèle de la solution, en l'occurrence la partie structurelle de cette solution. De plus, le fait que le diagramme de classes représente scrupuleusement la structuration du code fait que nous ne ciblons que le niveau d'abstraction le plus bas, comme nous le verrons plus précisément dans la suite de cette section.

Par rapport à notre représentation schématique du modèle d'une application informatique, l'opération de Reverse Engineering permet de construire automatiquement la partie du modèle de l'application relative à la vue structurelle et ciblant le niveau d'abstraction le plus bas.

La figure 3.2 présente cette propriété du Reverse Engineering.

**Figure 3.2**

*Code, modèle et opération du Reverse Engineering*

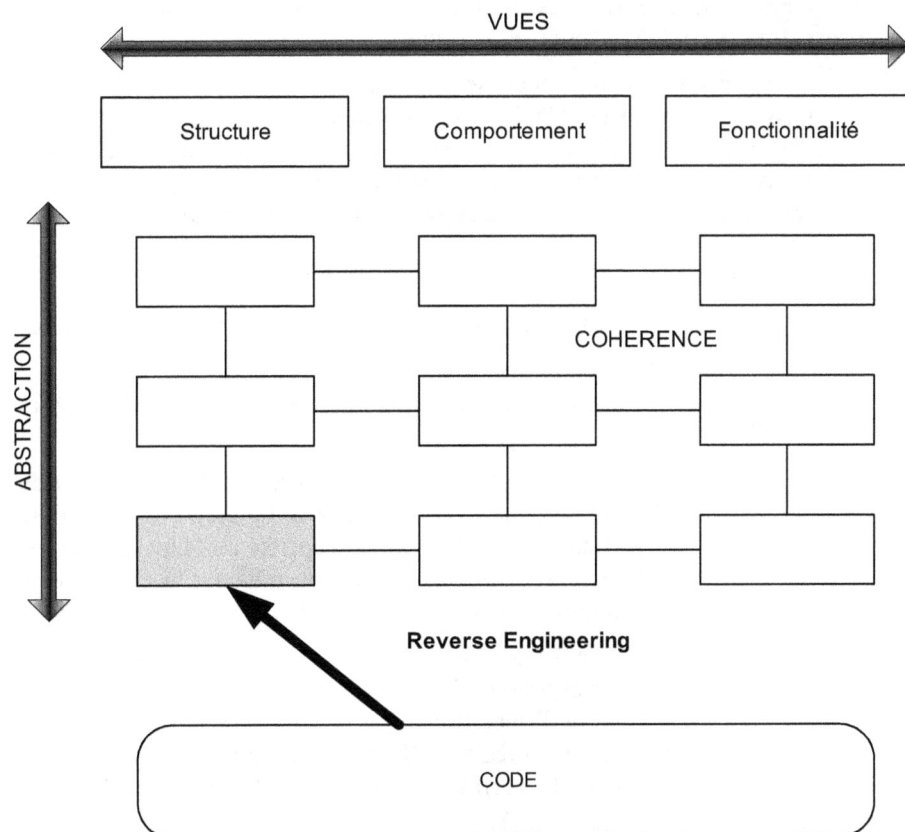

L'opération de Reverse Engineering permet uniquement de construire une partie du modèle (partie structurelle au niveau d'abstraction le plus bas), qui permet, en quelque sorte, de « mettre un pied » dans le modèle. Son intérêt est, avant tout, d'établir un lien entre le code et le modèle. Le code est lié au modèle grâce à cette relation.

Les relations de cohérence avec les autres parties du modèle permettent de lier, par transitivité, le code avec l'intégralité du modèle. Précisons que le Reverse Engineering ne permet en aucun cas de construire automatiquement l'intégralité du modèle.

## Règles de correspondance du Reverse Engineering

L'opération de Reverse Engineering que nous envisageons consiste à construire la partie structurelle du modèle UML au plus bas niveau d'abstraction à partir du code Java d'une application.

Pour pouvoir réaliser cette opération automatiquement, il faut définir et implanter des règles de correspondance entre les concepts Java et les concepts UML. Ces règles de correspondance sont très complexes, car elles établissent une correspondance sémantique entre Java et UML (pont sémantique).

Nous présentons dans cette section un sous-ensemble de règles d'une correspondance possible entre Java et UML. Nous considérons que cet ensemble de règles de correspondance définit l'opération de Reverse Engineering de notre cours. Dans la suite du cours, lorsque nous parlerons de l'opération de Reverse Engineering, nous nous référerons implicitement à cet ensemble de règles de correspondances.

### Règles de correspondance Java vers UML

1. À toute classe Java doit correspondre une classe UML portant le même nom que la classe Java.

2. À toute interface Java doit correspondre une interface UML portant le même nom que l'interface Java.

3. À tout attribut d'une classe Java doit correspondre une propriété appartenant à la classe UML correspondant à la classe Java. Le nom de la propriété doit être le même que le nom de l'attribut. Le type de la propriété doit être une correspondance UML du type de l'attribut Java. Si l'attribut est un tableau, la propriété peut avoir plusieurs valeurs (en fonction de la taille du tableau).

4. À toute opération d'une classe Java doit correspondre une opération appartenant à la classe UML correspondant à la classe Java. Le nom de l'opération UML doit être le même que celui de l'opération Java. Pour chaque paramètre de l'opération Java doit correspondre un paramètre UML de même nom, dont la direction est in et dont le type est le type UML correspondant au type du paramètre Java.

5. Si une classe Java appartient à un package Java, ce dernier doit correspondre à un package UML correspondant au package Java qui doit contenir la classe UML correspondant à la classe Java.

6. Si une classe Java importe un package Java, ce dernier doit correspondre à une relation d'import entre le package UML de la classe UML correspondant à la classe Java et le package UML correspondant au package Java importé.

7. Si une classe Java hérite d'une autre classe Java, les classes UML correspondantes doivent avoir elles aussi une relation d'héritage.

8. Si une classe Java réalise une interface, la classe UML correspondante doit aussi réaliser l'interface UML correspondante.

Ces règles de correspondance ne prennent pas en considération le concept UML d'association. Cela n'est pas surprenant puisque ce concept n'existe pas en Java. Cependant, nous pouvons considérer qu'il est possible de construire une association dans le modèle UML plutôt qu'une propriété lorsqu'une classe Java référence une autre classe Java.

La règle n° 3 deviendrait alors :

À tout attribut d'une classe Java *dont le type est un type primitif* doit correspondre une propriété appartenant à la classe UML correspondant à la classe Java. Le nom de la propriété doit être le même que le nom de l'attribut. Le type de la propriété doit être une correspondance UML du type de l'attribut Java. Si l'attribut est un tableau, la propriété peut avoir plusieurs valeurs (en fonction de la taille du tableau).

À tout attribut d'une classe Java *dont le type est une autre classe Java* doit correspondre une association UML entre la classe UML correspondant à la classe Java de l'attribut et la classe UML correspondant au type de l'attribut Java. Cette association doit être navigable vers la classe UML correspondant au type de l'attribut Java. Le nom de rôle de la classe correspondant au type de l'attribut doit être le même que le nom de l'attribut Java. Si l'attribut Java est un tableau, l'extrémité de l'association qui porte sur la classe UML correspondant au type de l'attribut Java doit spécifier que plusieurs objets peuvent être liés. Sinon, nous considérons que la multiplicité est 0..1.

Pour finir, soulignons que les règles de correspondance que nous venons d'indiquer ne prennent pas en considération le code des traitements associé aux opérations Java. Cela n'est pas surprenant puisque ce concept n'existe pas en UML. Cependant, il est absolument nécessaire d'intégrer le code d'une manière ou d'une autre dans le modèle UML afin de pouvoir le réutiliser dans le cadre de l'opération de génération de code que nous détaillons au chapitre 5.

Pour ce faire, nous proposons d'intégrer le code des traitements associés aux opérations sous forme de note UML. Ce mécanisme est utilisé par quasiment tous les outilleurs du marché. Ainsi, cette dernière règle s'ajoute à notre ensemble de règles composant notre Reverse Engineering :

9. Si une opération Java possède un code de traitement, alors doit correspondre une note UML contenant ce code et qui doit être attachée à l'opération UML correspondant à l'opération Java.

Étant donné que les sémantiques de UML et Java diffèrent, soulignons le fait qu'il existe plusieurs règles de correspondance possibles. En fait, chaque outil UML du marché propose sa propre opération de Reverse Engineering, avec ses propres règles de correspondance (très souvent, ces règles ne sont d'ailleurs pas explicitées). C'est pourquoi, à partir d'un même programme Java, il est possible d'obtenir plusieurs modèles UML différents.

## Intérêt et limites du Reverse Engineering

En début de chapitre, nous avons présenté le Reverse Engineering comme une opération permettant de construire des diagrammes de classes à partir de code Java. Nous savons maintenant que cette opération permet en fait la construction automatique d'une partie du modèle UML (partie structurelle de bas niveau d'abstraction) à partir de code Java.

UML fait la distinction entre modèle UML et diagramme UML. Un diagramme n'est qu'une représentation graphique d'une partie d'un modèle. Il est dès lors possible de définir plusieurs diagrammes pour un même modèle.

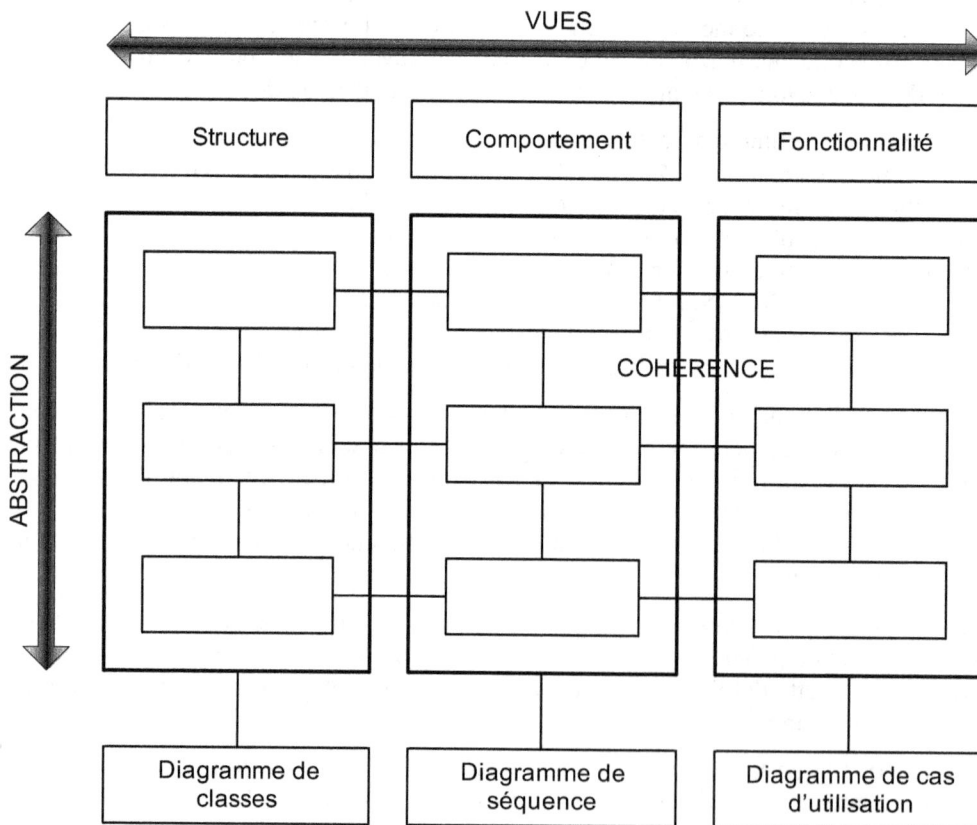

**Figure 3.3**

*Modèle UML d'une application informatique et ses diagrammes*

Les diagrammes représentent graphiquement l'information contenue dans un modèle. L'opération de Reverse Engineering ne construit donc pas de diagramme de classes mais une partie du modèle. Nous pouvons considérer que l'opération de Reverse Engineering construit la partie structurelle du modèle et la stocke dans une base de données ou dans un fichier. Grâce aux informations contenues dans la base de données ou dans le fichier, il est possible de construire plusieurs diagrammes de classes.

Selon notre vue schématique du modèle d'une application informatique, le modèle UML d'une application correspond à l'ensemble des informations contenues dans les neuf parties du modèle UML que nous avons présentées au chapitre 1.

De plus, UML fait correspondre un type de diagramme particulier pour chacune des vues. Par exemple, nous avons donné au chapitre précédent le diagramme de classes correspondant à la vue structurelle d'une application. Nous présenterons dans la suite de ce cours les diagrammes correspondant aux vues comportementale et fonctionnelle. UML ne donne aucune consigne quant au nombre de diagrammes qu'il faut élaborer pour présenter chacune des neuf parties du modèle.

La figure 3.3 synthétise cette distinction entre vue et diagramme et montre qu'il est possible d'élaborer plusieurs diagrammes par partie du modèle.

## Diagrammes à faire après un Reverse Engineering

Puisque l'opération de Reverse Engineering ne construit pas de diagramme mais uniquement une partie du modèle UML, il est du ressort de la personne qui a exécuté le Reverse Engineering d'élaborer les diagrammes permettant de représenter graphiquement les informations obtenues.

Après avoir réalisé une opération de Reverse Engineering, nous préconisons donc d'élaborer les diagrammes suivants, qui permettent de représenter graphiquement les informations contenues dans la partie du modèle obtenue après Reverse Engineering :

• un diagramme de classes représentant l'intégralité des informations ;

• un diagramme de classes représentant uniquement l'ensemble des packages et leurs relations d'import sans montrer leur contenu ;

• un diagramme par package montrant uniquement le contenu d'un package ;

• un diagramme par classe permettant de montrer le contenu de la classe et les associations et les liens d'héritage vers les autres classes.

### Gains offerts par le Reverse Engineering

Le Reverse Engineering est la première opération de modélisation qui permette d'obtenir un gain de productivité. En permettant de générer automatiquement une des neuf parties du modèle UML, il offre, à moindre coût, les deux avantages suivants :

• Possibilité de générer une documentation de la structure de l'application à l'aide des diagrammes de classes élaborés. Cette documentation a l'avantage d'être faite dans un langage de modélisation standard très largement diffusé. Soulignons de plus que de nombreux outils du marché qui proposent une opération de Reverse Engineering proposent une opération de génération automatique de documentation. Une documentation UML très technique peut donc être obtenue rapidement.

- Possibilité d'élaborer les autres parties du modèle UML tout en gardant une cohérence avec le code. C'est d'ailleurs le principal atout du Reverse Engineering que de permettre d'élaborer le lien entre une application existante et un modèle. Cette opération est absolument fondamentale lorsque nous voulons obtenir, à partir d'une application existante, les gains de productivité des opérations de modélisation que nous détaillons dans les chapitres suivants de ce cours.

# Synthèse

Dans ce troisième chapitre, nous avons commencé par présenter les différences sémantiques entre le langage UML et les langages de programmation orientée objet. Cela nous a permis de bien préciser le fait qu'UML possédait sa propre sémantique, qui est une sémantique orientée objet, mais aussi ses propres particularités.

Nous avons ensuite détaillé les principes de l'opération de Reverse Engineering. Cette opération est un pont sémantique entre un langage de programmation et le langage UML. Tout en soulignant le fait qu'il pouvait exister différents ponts sémantiques, nous avons indiqué une façon de passer du code Java vers les diagrammes de classes. Cette façon de passer de Java à UML constitue l'opération de Reverse Engineering que nous utiliserons dans la suite de ce cours.

Pour finir, nous avons introduit la distinction entre les concepts de modèle UML et de diagramme UML. Nous avons en particulier insisté sur le fait qu'un diagramme n'était que la représentation graphique de l'information contenue dans un modèle. De ce fait, le Reverse Engineering est une opération qui permet la construction d'une partie du modèle mais qui ne génère aucun diagramme. Nous pouvons considérer que le modèle est stocké dans une base de données ou dans un fichier. L'élaboration des diagrammes reste à la charge de la personne qui a exécuté l'opération de Reverse Engineering.

Nous avons enfin dégagé les avantages offerts par le Reverse Engineering, notamment les deux suivants : permettre de générer très facilement la documentation technique structurelle d'une application existante et permettre d'établir un lien entre le code d'une application et le modèle de l'application.

Travaux dirigés

# TD3. Reverse Engineering

Les opérations de Reverse Engineering présentées dans ce TD portent sur le code Java de l'application MyAssistant donné au TD du chapitre 1. Nous appliquons ici les règles de correspondance Java vers UML décrites dans le présent chapitre.

**Question 25** *Effectuez le Reverse Engineering de la classe Adresse.*

**Question 26** *Effectuez le Reverse Engineering de la classe Personne.*

**Question 27** *Effectuez le Reverse Engineering de la classe Repertoire.*

**Question 28** *Pourquoi n'y a-t-il pas d'association entre la classe Repertoire et la classe Personne alors qu'un répertoire contient des personnes ?*

**Question 29** *Comment modifier les règles du Reverse Engineering pour faire en sorte qu'une association soit établie entre la classe Repertoire et la classe Personne ?*

**Question 30** *Effectuez le Reverse Engineering de la classe UIPersonne.*

**Question 31** *Comment introduire les classes Java dans le modèle UML ? A quoi cela sert-il ?*

**Question 32** *Est-il plus facile de comprendre une application après en avoir effectué le Reverse Engineering ?*

**Question 33** *Les informations obtenues après Reverse Engineering sont-elles plus abstraites que le code Java ?*

**Question 34** *Le modèle obtenu par Reverse Engineering contient-il plus de diversité que le code ?*

**Question 35** *Si vous aviez un modèle UML et le code Java correspondant, comment pourriez-vous savoir si le modèle UML a été construit à partir d'un Reverse Engineering ?*

Ce TD aura atteint son objectif pédagogique si et seulement si :

- Vous savez appliquer une opération de Reverse Engineering sur un code pas trop complexe.
- Vous avez compris les conditions d'établissement d'associations entre classes.
- Vous avez conscience que le modèle obtenu après Reverse Engineering ne vous apporte rien de plus que le code, si ce n'est d'avoir fait le premier pas vers l'obtention d'un modèle complet de votre application.

# 4

# Rétroconception
# et patrons de conception

## Objectifs

■ Définir la notion de dépendance entre classes et préciser les mécanismes de rétroconception

■ Présenter les patrons de conception

## Identification des dépendances

L'opération de Reverse Engineering présentée au chapitre précédent permet de construire automatiquement une partie du modèle d'une application existante. Nous avons déjà indiqué qu'un des avantages de cette opération était de permettre la génération de documentation. Cet avantage est certes très intéressant mais reste en quelque sorte « contemplatif », le modèle obtenu n'étant pas considéré comme un élément de productivité à part entière. Il n'est donc pas intéressant de produire du code après un Reverse Engineering.

L'autre avantage de l'opération de Reverse Engineering est de permettre l'établissement d'un lien entre le code et le modèle, afin que des opérations de productivité sur les modèles puissent être réalisées, en prenant garde de ne pas détruire la cohérence entre le modèle et le code.

Nous allons à présent détailler deux opérations de productivité que nous pouvons réaliser sur les modèles obtenus après Reverse Engineering. Le but de la première opération est de vérifier et corriger les dépendances entre les classes. Celui de la seconde est d'appliquer des solutions de conception largement connues à des problèmes déjà identifiés.

Ces deux opérations sont dites productives en ce qu'elles changent le modèle. Il est dès lors intéressant de produire du code après les avoir exécutées.

## Qu'est-ce qu'une dépendance ?

Avant de préciser techniquement ce qu'est une dépendance entre deux classes UML, il est important de rappeler l'essence même de ce terme. Le dictionnaire de la langue française en ligne TLFI *(Trésor de la langue française informatisé)* donne les définitions suivantes du mot « dépendance » *(http://atilf.atilf.fr/tlf.htm)* :

> *Dépendance : fait d'être lié organiquement ou fonctionnellement à un ensemble ou à un élément d'un ensemble.*

Appliqué à notre domaine, cela signifie qu'une classe A dépend d'une classe B si elle est liée soit organiquement (par l'une de ses propriétés ou l'une de ses associations) ou fonctionnellement (par l'une de ses opérations) à un ensemble de classes ou à une classe d'un ensemble de classes.

De plus, si une classe A dépend d'une classe B, cela signifie qu'il n'est pas possible d'utiliser la classe A pour, par exemple, instancier des objets sans disposer de la classe B. La relation de dépendance étant transitive (si A dépend de B et B dépend de C alors A dépend de C), nous mesurons toute l'importance des dépendances dans le développement d'applications orientées objet.

D'un point de vue technique, nous considérons dans le cadre de ce cours qu'une classe A dépend d'une classe B si et seulement si :

- A hérite de B.
- A est associée à B, et l'association est au moins navigable de A vers B.
- A possède un attribut dont le type est B.
- A possède une opération dont le type de l'un des paramètres est B.

D'un point de vue graphique, une dépendance entre deux classes se représente à l'aide d'une flèche pointillée. La figure 4.1 représente graphiquement une dépendance entre la classe A et la classe B.

**Figure 4.1**

*Représentation graphique d'une dépendance entre deux classes*

Cette représentation ne précise pas quelle est la cause de cette dépendance. La figure 4.2 fournit chacune des causes possibles.

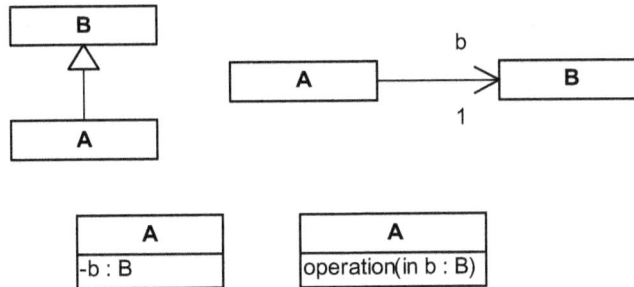

Soulignons qu'il est possible de faire apparaître sur un même diagramme les relations de dépendance et les causes des relations de dépendance. Par souci de clarté, nous préférons toutefois privilégier l'élaboration d'un diagramme dédié aux dépendances et masquant les causes des dépendances. L'objectif d'un tel diagramme est de faire ressortir uniquement les relations de dépendance entre les classes d'une application.

## Impact des cycles de dépendances

### Dépendances entre classes

Nous avons donné à la section précédente la définition de la dépendance entre deux classes. Le caractère principal de cette relation est que, si une classe A dépend d'une classe B, il n'est pas possible d'utiliser A sans disposer de B. La question surgit dès lors de l'intérêt des dépendances mutuelles, et plus généralement des cycles de dépendances.

Si deux classes A et B dépendent mutuellement l'une de l'autre, cela signifie qu'il est impossible de les séparer. Nous pouvons légitimement nous demander s'il n'est pas intéressant de fusionner les classes, puisque la dépendance mutuelle va à l'encontre des deux principes de base du paradigme objet que sont la cohérence forte et le couplage faible. Ces deux principes visent à définir des objets relativement indépendants (couplage faible) et capables de réaliser par eux-mêmes les opérations dont ils sont responsables (cohésion forte). L'objectif est de réutiliser des classes dans différentes applications.

En réalité, il ne faut pas considérer que la dépendance mutuelle ou les cycles de dépendances représentent des fautes de conception. Il est parfois nécessaire, voire obligatoire, d'établir des dépendances mutuelles afin d'assurer une navigation bidirectionnelle entre des éléments liés.

La figure 4.3 présente une association navigable dans les deux sens entre les classes Personne et CompteBancaire. Cette association est la cause d'une dépendance mutuelle entre ces deux classes. Pour autant, nous comprenons aisément qu'il serait intéressant de pouvoir naviguer dans les deux sens de cette association, mais nous comprenons aussi tout l'intérêt de garder ces deux classes et de ne pas les fusionner.

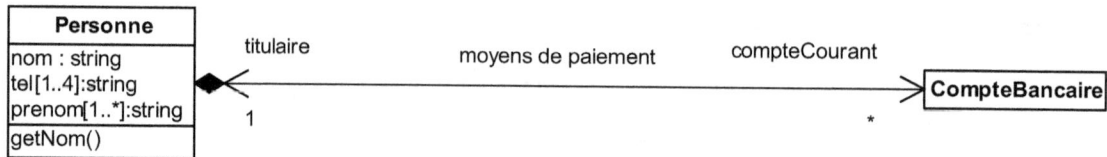

**Figure 4.3**

*Représentation graphique d'une dépendance mutuelle entre deux classes*

Dans le cadre de ce cours, nous considérons qu'il faut réduire autant que possible les dépendances mutuelles et les cycles de dépendances entre classes mais qu'il n'est pas nécessaire de les interdire.

### Dépendances entre packages

Comme nous l'avons vu au chapitre 2, il est nécessaire d'établir une relation d'import entre deux packages lorsqu'il existe des associations ou des relations d'héritage entre les classes qu'ils contiennent.

Il est en fait nécessaire d'établir une relation d'import entre deux packages s'il existe des dépendances entre les classes qu'ils contiennent, et ce quelle qu'en soit la cause.

La figure 4.4 illustre le fait qu'il est nécessaire d'établir une relation d'import entre P1 et P2, car A dépend de B, A appartient à P1 et B appartient à P2. Il est en outre nécessaire d'établir une relation d'import entre P2 et P3, car B dépend de C, B appartient à P2 et C appartient à P3.

**Figure 4.4**

*Dépendances entre packages*

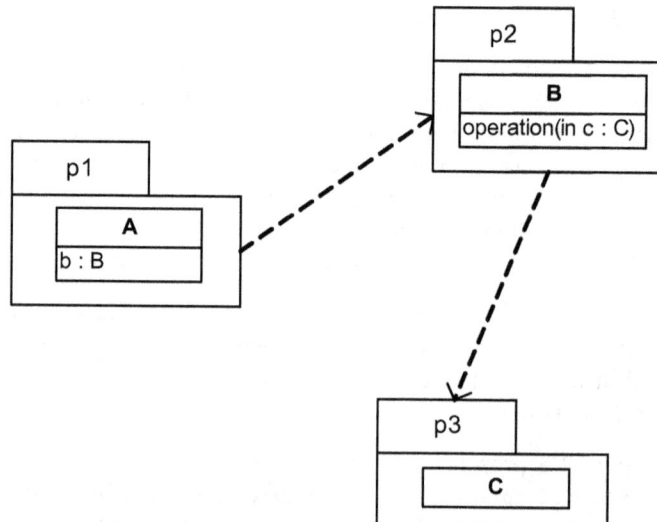

De ce fait, il semble possible d'avoir à établir des relations d'import mutuel entre deux packages (par exemple, si la classe C hérite de A). Or, comme indiqué au chapitre 2, nous interdisons dans le cadre de ce cours les cycles d'import entre packages parce que nous considérons qu'un package représente une unité de cohésion entre plusieurs classes. De ce fait, s'il existait une relation d'import mutuel entre deux packages, cela signifierait qu'il faudrait réunir ces packages.

Dans le cadre de ce cours, les dépendances mutuelles et plus généralement les cycles de dépendances entre classes sont interdits entre les classes de plusieurs packages.

## Casser les cycles de dépendances

Dans les deux sections précédentes, nous avons présenté le concept de dépendance entre classes en précisant qu'il était envisageable d'établir des cycles de dépendances tant que ceux-ci ne traversaient pas plusieurs packages.

Pour autant, il n'est pas rare de devoir concevoir une application devant obligatoirement définir deux packages et dont les classes de ces deux packages ont des dépendances mutuelles.

La figure 4.5 illustre ce problème avec deux classes et deux packages.

**Figure 4.5**

*Cycle*
*des dépendances*

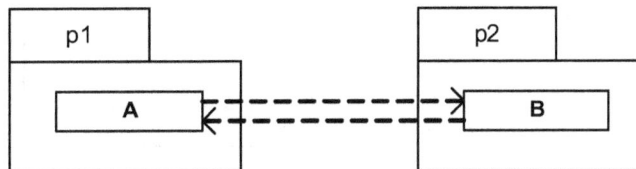

Ce problème de conception relativement classique nécessite de casser le cycle des dépendances. Avant d'introduire le mécanisme qui permet de casser les cycles de dépendances, il est nécessaire de souligner le point suivant :

> Une dépendance mutuelle indique un besoin mutuel entre plusieurs classes. Ce besoin est réel et ne peut être supprimé. Casser un cycle de dépendances ne signifie donc pas changer les besoins entre les classes.

Ce point étant souligné, nous pouvons détailler le principe de base du mécanisme permettant de casser un cycle de dépendances. L'idée générale est de travailler sur une dépendance particulière et de changer cette dépendance en une indirection à l'aide d'une nouvelle classe et d'une relation d'héritage.

Ce principe est illustré à la figure 4.6. La partie du haut présente la dépendance initiale sur laquelle va s'effectuer l'indirection. La partie du bas présente l'indirection. Soulignons que le besoin source de la dépendance n'a pas été supprimé. Il a simplement été isolé et déplacé dans la classe BSup.

**Figure 4.6**

*Mécanisme
de suppression
d'un cycle
de dépendances*

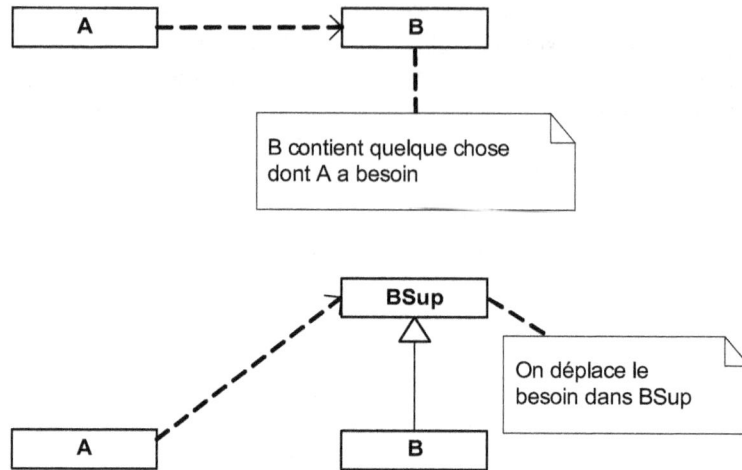

Grâce à ce principe, il n'existe plus de dépendance directe entre les classes A et B. Il est dès lors possible d'avoir deux packages P1 et P2 avec les classes A et B dans chacun des deux packages sans avoir d'import mutuel entre les packages P1 et P2.

Nous pouvons donc avoir la relation de dépendance entre B et A illustrée à la figure 4.7.

**Figure 4.7**

*Suppression
d'un cycle
de dépendances
entre packages*

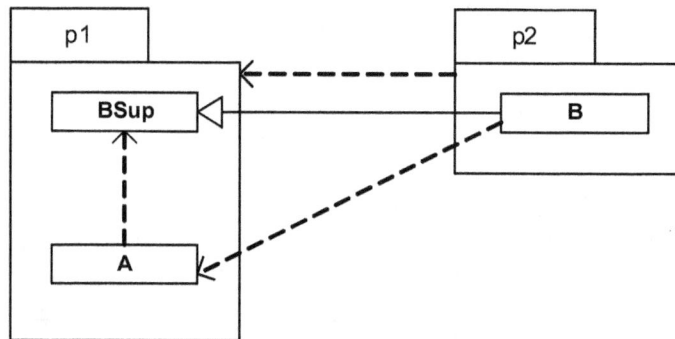

Pour pouvoir appliquer ce principe sur n'importe quel modèle, il est nécessaire de procéder de la façon suivante :

1. Identifier la dépendance sur laquelle peut se faire l'indirection (cette dépendance ne peut avoir un héritage comme cause).

2. Isoler le besoin de la dépendance dans une superclasse afin de déplacer la dépendance. Par exemple, si A dépend de B car A utilise une opération de la classe B, il faut positionner cette opération dans la superclasse afin de pouvoir déplacer le lien de dépendance.

3. Établir la relation d'héritage.

4. Positionner les classes dans les packages et mettre les bonnes relations d'import.

Ce mécanisme en quatre étapes peut paraître trivial, mais il ne l'est en rien. La difficulté principale est de pouvoir isoler dans une superclasse le besoin d'une dépendance afin de permettre la création d'une indirection.

Cette opération de productivité est très souvent exécutée après l'exécution d'une opération de Reverse Engineering. Rappelons que son objectif est de renforcer le couplage faible entre les classes et de réaliser une découpe en package de meilleure qualité, dans la mesure où Java n'interdit pas les imports mutuels entre packages.

# Patron de conception

En conception, il n'est pas rare de faire face à un problème qui a déjà été rencontré et résolu par d'autres personnes. Réutiliser les solutions trouvées par ces autres personnes permet de gagner non seulement du temps mais aussi de la qualité, pour peu que ces solutions aient été largement diffusées et corrigées d'éventuelles erreurs.

Pour rendre cette idée concrète, E. Gamma a défini le concept de *patron de conception.* Un patron de conception est une solution éprouvée qui permet de résoudre un problème de conception très bien identifié. Soulignons qu'un patron de conception est un couple <problème/solution>.

La solution définie par un patron de conception n'est intéressante que si nous faisons face au même problème que celui traité par le patron. Il ne faut en aucun cas vouloir appliquer les solutions définies par les patrons de conception si nous n'en rencontrons pas les problèmes.

E. Gamma a défini plus d'une vingtaine de patrons de conception de référence, qui sont toujours utilisés à l'heure actuelle. Depuis lors, le nombre de patrons de conception reconnus ne cesse d'augmenter. De ce fait, il est très important aujourd'hui, lorsque nous faisons face à un problème de conception, de vérifier si un patron de conception n'a pas déjà été défini pour traiter ce problème.

Le point qui nous intéresse dans le cadre de ce cours est que la solution définie par un patron est spécifiée à l'aide d'un diagramme de classes. Les classes de ce diagramme représentent des rôles qu'il est nécessaire de faire jouer par certaines classes de l'application. Appliquer la solution définie par un patron de conception sur une application consiste donc à identifier parmi les classes de l'application lesquelles doivent jouer les rôles définis par la solution.

## *Le patron de conception Observer*

Afin de bien illustrer le concept de patron de conception, nous allons détailler le patron de conception Observer tel que défini par E. Gamma.

### Observer

*Problème*

Créer un lien entre un objet « source » et plusieurs objets « cibles » permettant de notifier les objets « cibles » lorsque l'état de l'objet « source » change. De plus, il faut pouvoir dynamiquement lier à (ou délier de) l'objet « source » autant d'objets « cibles » que nous le voulons.

*Solution*

La solution de ce patron est illustrée à la figure 4.8.

**Figure 4.8**

*Le patron de conception Observer*

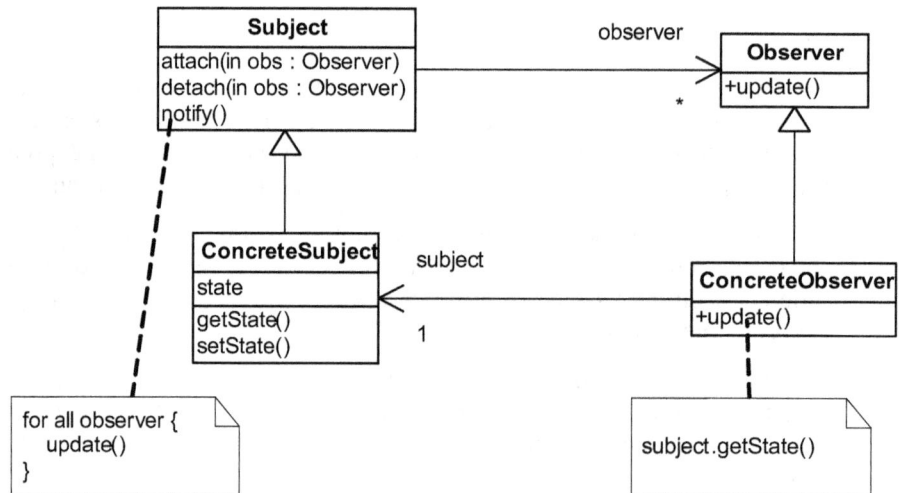

Ce diagramme fait apparaître les quatre rôles suivants :

- Le rôle `Observer` est un rôle abstrait (la classe est abstraite) qui représente une abstraction de l'objet « cible ». Sa méthode `update` permet de lui envoyer un message de notification de changement d'état de l'objet « source ».

- Le rôle `Subject` est un rôle abstrait qui représente une abstraction de l'objet « source ». L'association entre les classes `Subject` et `Observer` exprime le fait qu'un objet « source » peut être lié à plusieurs objets « cibles ». Grâce aux opérations `attach` et `detach`, il est possible dynamiquement de lier et de délier les objets « cibles ». Lorsque nous appelons l'opération `notify`, l'objet « source » appelle les opérations `update` des objets « cibles » auxquels il est lié. C'est de cette manière que se fait la notification du changement d'état de l'objet « source » vers tous les objets « cibles ».

- Le rôle `ConcreteSubject` est un rôle concret qui hérite de `Subject`. Il représente l'objet « source » avec son état. Cela n'apparaît pas sur le diagramme, mais, à la fin du traitement associé à l'opération `setState`, il faut faire un appel à l'opération `notify` si l'état de l'objet a changé. Cela permet, comme nous l'avons déjà indiqué, de notifier tous les objets « cibles » du changement d'état.

- Le rôle `ConcreteObserver` est un rôle concret qui hérite de `Observer`. L'association entre les classes `ConcreteObserver` et `ConcreteSubject` exprime le fait qu'un objet « cible » est lié à l'objet « source ». Cela permet à l'objet « cible » de récupérer, après notification, la nouvelle valeur de l'état de l'objet « source ».

Appliquer ce patron de conception sur une application nécessite d'identifier dans le modèle de l'application les classes pouvant jouer les rôles de `Subject`, `Observer`, `ConcreteSubject` et `ConcreteObserver`. Si aucune classe existante ne peut jouer un des rôles du patron de conception, il est envisageable de construire une nouvelle classe dans le modèle.

L'application des patrons de conception est une opération de productivité qui est très souvent employée sur les modèles. Cela permet de fournir des solutions éprouvées aux problèmes de conception qui ont déjà été rencontrés par d'autres personnes.

# Synthèse

Dans ce chapitre, nous avons présenté deux opérations de productivité sur les modèles UML.

La première a consisté à identifier les cycles de dépendances entre les classes et à les casser s'ils traversaient plusieurs packages. Cette opération permet d'améliorer la qualité de l'application en assurant un couplage faible entre les classes de l'application.

La seconde a consisté à appliquer des patrons de conception. Grâce à ces derniers, il est possible de réutiliser les bonnes solutions permettant de résoudre des problèmes déjà rencontrés.

Ces deux opérations laissent entrevoir les gains offerts par UML. Cependant, elles ne sont réellement intéressantes que s'il est possible de générer du code à partir du modèle UML après les avoir exécutées, puisque les deux opérations changent le modèle. Celui-ci n'étant plus cohérent avec le code de l'application, il est nécessaire d'actualiser le code à partir du modèle.

C'est ce que nous verrons au chapitre suivant, qui présente la génération de code à partir de modèles UML.

Travaux dirigés

# TD4. Rétroconception et patrons de conception

La figure 4.9 représente les relations qui existent entre les classes `Synchronisateur` et `Calculateur`. Un calculateur permet d'effectuer des calculs. Etant donné que n'importe qui peut demander à un calculateur d'effectuer des calculs, la classe `Synchronisateur` a été construite pour réguler les calculs.

Les personnes qui souhaitent demander la réalisation d'un calcul doivent passer par le synchronisateur (*via* l'opération `calculer()`). Celui-ci distribue les calculs aux différents calculateurs avec lesquels il est lié (c'est lui qui appelle l'opération `calculer()` sur les calculateurs). Un calculateur connaît le synchronisateur auquel il est relié grâce à la propriété `sync` de type `Synchronisateur`. Sa valeur doit être déterminée lors de la création des objets de type `Calculateur`.

**Figure 4.9**

*Classes* Synchronisateur *et* Calculateur

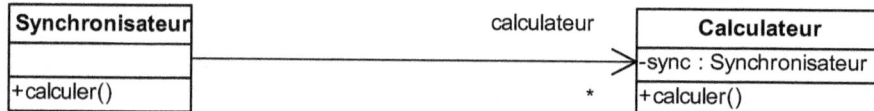

*Exprimez en les justifiant les dépendances entre les classes* Synchronisateur *et* Calculateur.

*Nous souhaitons que les classes* Synchronisateur *et* Calculateur *soient dans deux packages différents. Proposez une solution.*

*Nous souhaitons ajouter à la classe* Synchronisateur *une opération* ajouterCalculateur() *qui permette d'assigner un calculateur à un synchronisateur, l'identité du calculateur étant un paramètre d'entrée de l'opération. Définissez cette opération.*

*Nous souhaitons maintenant définir une classe représentant une barre de progression. Cette barre affiche l'état d'avancement du calcul (en pourcentage). Une barre de progression reçoit des messages d'un calculateur qui l'informe que l'état d'avancement du calcul a changé. Définissez cette classe.*

*Tout comme le synchronisateur, une barre de progression doit se déclarer auprès d'un calculateur. De plus, le calculateur doit offrir une opération permettant de connaître le pourcentage d'avancement du calcul. Définissez les associations et opérations nécessaires.*

*Appliquez le patron de conception Observer, et faites en sorte que ces deux classes soient dans deux packages différents.*

Ce TD aura atteint son objectif pédagogique si et seulement si :

- Vous savez identifier les dépendances entre classes.
- Vous savez « casser » les cycles de dépendances.
- Vous savez appliquer le patron de conception Observer.

# 5

# Génération de code

## Objectifs

■ Présenter les règles de génération de code Java à partir d'un modèle UML

■ Présenter les problèmes du cycle reverse/génération

■ Présenter les cycles de développement avec UML

## D'UML à Java

Nous avons comparé au chapitre 3 la sémantique UML avec la sémantique Java. Nous avons alors proposé des règles de correspondance permettant de construire automatiquement une partie d'un modèle UML à partir d'une application Java. Soulignons que ces règles représentent une façon parmi d'autres de passer de Java vers UML. Elles constituent un des ponts sémantiques de Java vers UML.

Dans le présent chapitre, nous allons proposer un pont sémantique inverse, permettant de construire automatiquement une application Java à partir d'un modèle UML. Ce pont permettra de réaliser l'opération de génération de code Java à partir de modèles UML.

Pour établir ce pont, nous devons définir un ensemble de règles de correspondances des concepts UML vers les concepts Java.

### Règles de correspondance UML vers Java

1. À toute classe UML doit correspondre une classe Java portant le même nom que la classe UML.

2. À toute interface UML doit correspondre une interface Java portant le même nom que l'interface UML.

3. À toute propriété d'une classe UML doit correspondre un attribut appartenant à la classe Java correspondant à la classe UML. Le nom de l'attribut doit être le même que le nom de la propriété. Le type de l'attribut doit être une correspondance Java du type de la propriété UML. Si le nombre maximal de valeurs pouvant être portées par la propriété est supérieur à 1, l'attribut Java est un tableau.

4. À toute opération d'une classe UML doit correspondre une opération appartenant à la classe Java correspondant à la classe UML. Les noms des opérations doivent être les mêmes. Étant donné que Java ne supporte que les directions in et return, si l'opération contient des paramètres de direction out ou inout, nous considérons qu'il n'est pas possible de générer du code Java. Sinon, pour chaque paramètre de l'opération UML dont la direction est in doit correspondre un paramètre de l'opération Java. Les noms des paramètres doivent être les mêmes. Les types des paramètres doivent être une correspondance Java des types des paramètres UML. Si l'opération UML contient un paramètre de direction return, l'opération Java doit définir un retour qui lui correspond. Si l'opération UML ne contient pas de paramètre de direction return, l'opération Java retourne void.

5. Si une classe UML A est associée à une classe UML B et que l'association soit navigable, il doit correspondre un attribut dans la classe Java correspondant à la classe UML A. Le nom de l'attribut doit correspondre au nom du rôle de l'association. Le type de l'attribut doit être une correspondance Java de la classe UML B associée. Si l'association spécifie que le nombre maximal d'objets pouvant être reliés est supérieur à 1, l'attribut Java est un tableau. Si l'association n'est pas navigable, nous considérons qu'il n'est pas possible de générer du code Java.

6. Si une classe UML hérite d'une autre classe UML, il doit correspondre une relation d'héritage (extends en Java) entre les classes Java correspondantes. Comme Java ne supporte pas l'héritage multiple, si une classe UML hérite de plusieurs autres classes UML, nous considérons qu'il n'est pas possible de générer du code Java.

7. Si une classe UML réalise une ou plusieurs interfaces UML, il doit correspondre une relation de réalisation entre la classe et les interfaces Java correspondantes.

8. Si une classe UML est contenue dans un package, la classe Java correspondante doit déclarer qu'elle appartient à un package Java. Le nom du package Java doit être le même que le nom du package UML.

9. Si un package UML importe un autre package UML, toutes les classes Java correspondant aux classes UML incluses dans le package UML doivent déclarer un import Java vers toutes les classes Java correspondant aux classes incluses dans le package UML importé.

Ces règles de correspondances ne prennent pas en compte les traitements associés aux opérations UML, car ceux-ci ne sont pas nativement définis dans les modèles. Le code

Java généré ne contient donc que des squelettes de code sans comportement réel associé aux méthodes. De ce fait, l'application générée ne pourra jamais être exécutée.

Lorsque nous avons défini notre opération de Reverse Engineering, nous avons précisé que le code des traitements associés aux opérations était intégré au modèle à l'aide de notes UML. Nous pouvons donc ajouter la règle suivante à nos règles de génération de code, qui ne sera exploitable que si le modèle contient des notes de code (ce qui est garanti si le modèle UML est obtenu à partir d'une opération de Reverse Engineering) :

10. Si des notes de code Java sont associées aux opérations des classes UML, ce code est recopié dans les opérations Java correspondantes.

Notons que nos règles de correspondances ne bénéficient pas assez de l'API Java. Il serait possible, par exemple, d'améliorer la règle n° 5, qui porte sur les associations entre classes, en remplaçant l'utilisation du tableau (qui est utilisé pour les associations permettant de relier plusieurs objets) par celle de la classe Java `ArrayList`, qui représente un tableau dynamique.

Ainsi la règle n° 5 deviendrait :

Si une classe UML est associée à une autre classe UML et que l'association soit navigable, il doit se trouver un attribut dans la classe Java correspondant à la classe UML. Le nom de l'attribut doit correspondre au nom du rôle de l'association. Si l'association spécifie que le nombre maximal d'objets pouvant être reliés est supérieur à 1, le type de l'attribut Java est de type `ArrayList`. Sinon, le type de l'attribut doit être une correspondance Java de la classe UML associée. Si l'association n'est pas navigable, nous considérons qu'il n'est pas possible de générer du code Java.

Notons pour finir que ces règles de correspondances ne prennent pas en compte la sémantique de contenance des associations, Java ne supportant pas un tel concept. Nous considérons donc qu'il est impossible de générer du code Java si le modèle UML contient des associations d'agrégation ou de composition.

En résumé, les règles de correspondances que nous venons de présenter permettent de décrire brièvement le fonctionnement d'une opération de génération de code Java à partir de modèles UML. Contrairement aux règles de l'opération de Reverse Engineering, ces règles contiennent des contraintes sur la nature des modèles UML à partir desquels peut se faire la génération. Par exemple, il n'est pas possible de générer du code Java si des classes du modèle UML ont des héritages multiples ou si les opérations du modèle UML utilisent les directions `out` ou `inout`.

De plus, l'opération de génération de code Java n'est pleinement exploitable que si elle est exécutée sur un modèle UML qui contient des notes de code associées à ses opérations (un modèle obtenu à partir d'une opération de Reverse Engineering, par exemple). En effet, seule la règle n° 10 permet la génération de code Java exécutable. Lorsque l'opération de génération de code est exécutée sur un modèle qui n'a pas de notes de code associées à ses opérations, le code généré ne contient que des squelettes de code.

Soulignons pour finir que l'opération de génération de code s'applique sur la partie structurelle du modèle UML au plus bas niveau d'abstraction.

La figure 5.1 représente cette opération selon notre représentation du modèle UML.

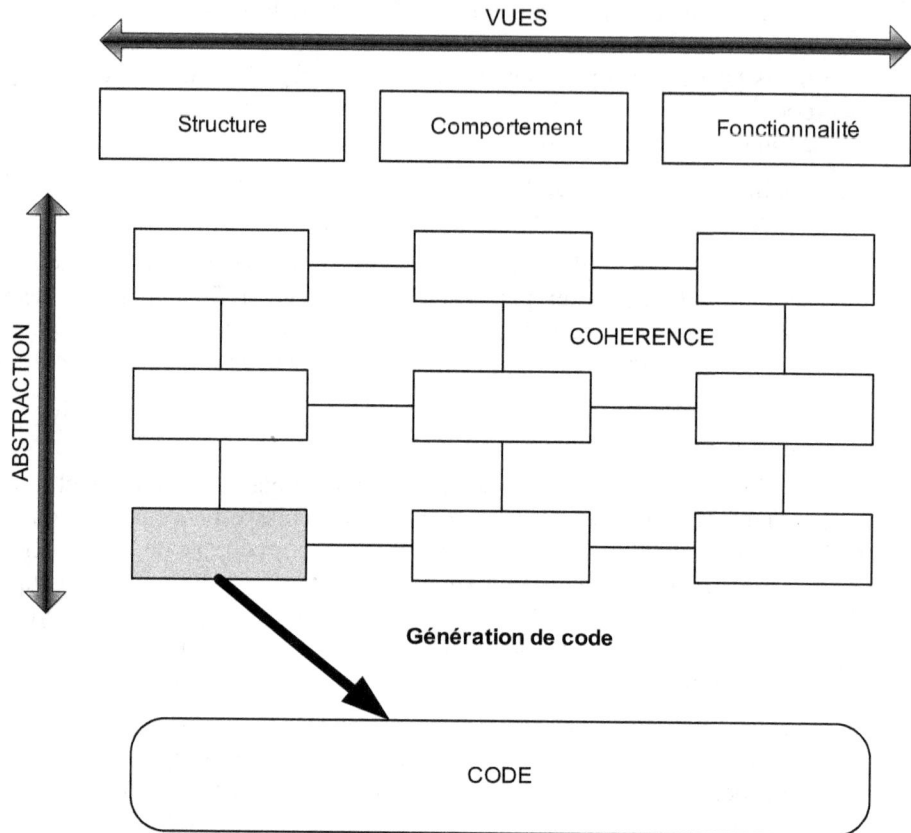

## UML vers Java et Java vers UML

Nous venons de voir deux opérations qui permettent respectivement de passer de Java vers UML et de UML vers Java. Il est dès lors nécessaire de savoir si les effets de ces deux opérations s'annulent. En d'autres termes, obtenons-nous le même code après avoir exécuté une opération de Reverse Engineering suivie d'une opération de génération de code ? À l'inverse, obtenons-nous le même modèle après avoir exécuté une opération de génération de code suivie d'une opération de Reverse Engineering ?

En fait, telles que nous les avons définies, l'exécution d'une génération de code suivie d'un Reverse Engineering peuvent retourner un modèle différent du modèle d'entrée, alors que l'exécution d'un Reverse Engineering suivi d'une génération de code retournent toujours le même code.

La raison principale à cela est que l'opération de génération de code fait disparaître les associations entre les classes UML dans le code généré et que celles-ci ne réapparaissent pas après une opération de génération de code. De plus, la génération de code utilise des classes particulières de l'API Java, qui apparaissent dans le modèle après l'opération de Reverse Engineering. Par contre, tous les concepts Java sont intégrés dans le modèle UML et se retrouvent dans le code après la génération de code.

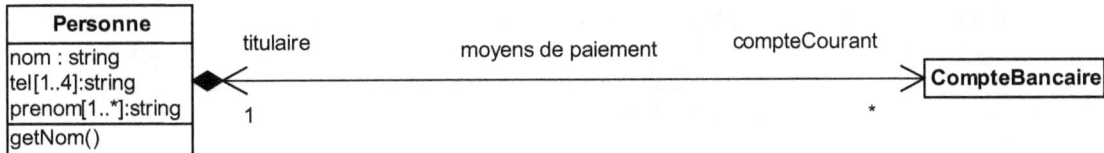

**Figure 5.2**

*Modèle UML avant génération/reverse*

Par exemple, en exécutant l'opération de génération de code à partir du modèle illustré à la figure 5.2, nous obtenons le code Java suivant :

```
public class Personne {                    public class CompteBancaire {
    ArrayList compteCourant ;                  Personne titulaire ;
}                                           }
```

Après l'exécution d'un Reverse Engineering, ce code permet d'obtenir le modèle illustré à la figure 5.3, qui est complètement différent du modèle d'origine.

**Figure 5.3**

*Modèle UML après génération/reverse*

Les effets engendrés par les opérations de génération de code et de Reverse Engineering sont dictés par les règles de correspondances qui définissent ces opérations. Or, nous avons précisé que ces règles de correspondances n'étaient en aucun cas standards et que chaque outil proposait les siennes. De ce fait, il est impossible de prédire, sans connaître très précisément ces règles, quel sera le résultat obtenu après des exécutions successives d'opérations de génération de code et de Reverse Engineering.

De plus, à l'heure actuelle, aucun outil du marché ne précise pleinement ses règles de correspondances. Nous déconseillons donc, dans le cadre de ce cours, l'exécution successive d'opérations de Reverse Engineering et de génération de code, à moins de savoir exactement quels en seront les effets.

# Approches UML et code

Nous venons de voir qu'il n'était actuellement pas raisonnable d'exécuter successivement les opérations de Reverse Engineering et de génération de code. Pour autant, ce sont ces opérations qui permettent une synchronisation entre le code et le modèle.

Rappelons que notre objectif depuis le début de ce cours est d'effectuer des opérations sur les modèles (générer de la documentation, casser les dépendances ou appliquer des patrons de conception) et d'effectuer des opérations sur le code (coder les traitements associés aux opérations, compiler et exécuter).

Il est donc absolument nécessaire de définir une approche permettant de réaliser, d'une part, des opérations sur le code et, d'autre part, des opérations sur le modèle, tout en gardant une synchronisation entre le code et le modèle.

### Approches envisageables

#### Approche Code Driven

Le point de départ de cette approche est le code. L'objectif est de ne jamais utiliser l'opération de génération de code. La cohérence entre le modèle et le code est maintenue grâce à l'opération de Reverse Engineering. L'intérêt de cette approche est limité, car seules les opérations de lecture sur les modèles peuvent être utilisées. Par exemple, il est possible de générer la documentation de l'application, mais il n'est pas possible de casser les dépendances ou d'appliquer des patrons de conception sur les modèles.

#### Approche Model Driven

Le point de départ de cette approche est le modèle. L'objectif est de ne jamais utiliser l'opération de Reverse Engineering. La cohérence entre le modèle et le code est maintenue grâce à l'opération de génération de code. L'intérêt de cette approche est actuellement limité, car il n'est pas possible de modéliser en UML les traitements associés aux opérations. La génération de code exécutable n'est donc pas possible.

Soulignons cependant qu'il est possible de suivre une approche Model Driven en intégrant directement dans le modèle UML les notes de code Java afin de pouvoir générer un code exécutable. Même si cette approche consiste à intégrer du Java dans le modèle UML, elle reste une approche Model Driven puisque l'opération de Reverse Engineering n'est jamais utilisée. Son inconvénient est de devoir coder du Java dans le modèle UML (les outils UML ne supportent que faiblement cela actuellement).

#### Approche Round Trip

Le point de départ de cette approche peut être soit le code, soit le modèle. L'objectif est d'utiliser aussi bien les opérations de Reverse Engineering que de génération de code pour assurer la synchronisation entre modèle et code. Cependant, ces opérations doivent être bien préparées et ne doivent pas être utilisées n'importe quand afin de ne pas subir les conséquences des modifications qu'elles réalisent. Cette approche est actuellement la plus intéressante, car elle cumule les avantages offerts par UML et par Java. Cependant, elle est aussi la plus délicate à mettre en œuvre, car elle nécessite une connaissance très fine des opérations de Reverse Engineering et de génération de code.

Dans le cadre de ce cours, nous utiliserons l'approche Round Trip avec les précautions suivantes :

- Les modèles UML ne doivent pas contenir d'héritages multiples entre classes.

- Les modèles UML ne doivent pas contenir d'associations non navigables.

- Les modèles UML ne doivent pas contenir d'associations d'agrégation ou de composition.

- Les modèles UML ne doivent pas contenir d'associations navigables spécifiant que le nombre maximal d'objets pouvant être reliés est supérieur à 1. À la place, nous ferons en sorte que les modèles UML utilisent la classe `ArrayList`.

- Les modèles UML doivent contenir une note de code attachée à chaque opération.

Ces précautions nous permettront de réaliser successivement les opérations de Reverse Engineering et de génération de code telles que nous les avons définies sans risquer de ne plus avoir de synchronisation entre le modèle et le code.

## Cycle de développement UML

Grâce aux concepts que nous avons introduits jusqu'à présent dans ce cours, nous pouvons définir un cycle de développement UML, dont les caractéristiques sont les suivantes :

- Il suit une approche Round Trip, car il utilise les opérations de génération de code et de Reverse Engineering pour assurer la synchronisation entre le modèle et le code.

- Il préconise la création de différents diagrammes de classes afin de mieux présenter la structuration de l'application. Grâce aux diagrammes de classes, il est possible de générer automatiquement une documentation de la structuration de l'application à un bas niveau d'abstraction.

- Il préconise la suppression des cycles entre les packages grâce à l'identification des dépendances entre classes et au mécanisme permettant de casser les cycles de dépendances entre classes.

- Il préconise l'application de patrons de conception sur le modèle.

- Il contraint les modifications du modèle UML afin que les exécutions successives de génération de code et de Reverse Engineering ne mettent pas en péril la synchronisation entre modèle et code.

- Il préconise de spécifier les traitements associés aux opérations des classes à l'aide de code Java.

- Il préconise de réaliser la compilation et l'exécution de l'application à l'aide des outils Java classiques.

- Il n'utilise que la partie structurelle au plus bas niveau d'abstraction du modèle de l'application.

La figure 5.4 schématise ce cycle de développement UML.

**Figure 5.4**
*Cycle
de développement
avec UML*

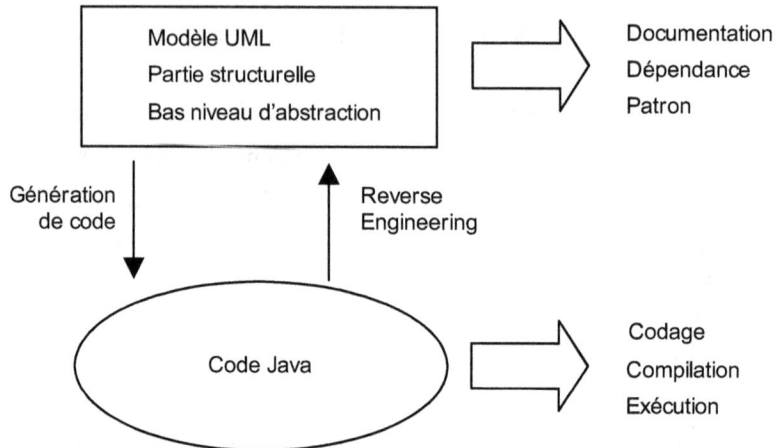

Ce cycle de développement UML cumule donc les avantages de la modélisation et de la programmation, tout en assurant une cohérence globale du modèle et du code. Grâce à la modélisation, il facilite la génération de documentation, l'identification de dépendances, la correction de cycles de dépendances et l'application de patrons de conception. Grâce à la programmation, il facilite le codage des traitements des opérations, la compilation et l'exécution.

# Synthèse

Ce chapitre a introduit l'opération de génération de code Java à partir d'un modèle UML. Cette opération est définie à l'aide de règles de correspondances entre les concepts UML et les concepts Java.

Nous avons ensuite souligné que les opérations de génération de code et de Reverse Engineering n'étaient pas symétriques. Les exécutions successives de ces deux opérations peuvent engendrer de fortes modifications dans le modèle et dans le code, qui ne vont pas sans conséquences néfastes sur la synchronisation entre modèle et code.

Nous avons indiqué les différentes approches qui permettent d'utiliser UML dans un cycle de développement. Nous avons expliqué l'approche Round Trip, préconisée dans le cadre de ce cours, qui utilise les opérations de Reverse Engineering et de génération de code sous réserve de respecter certaines contraintes de modélisation afin d'assurer une synchronisation entre modèle et code.

Pour finir, nous avons schématisé le socle fondateur de notre cycle de développement avec UML en précisant ses avantages et les différents points sur lesquels il apporte un gain.

Travaux dirigés

# TD5. Génération de code

**Question 42** *Écrivez le code généré à partir de la classe* Document *illustrée à la figure 5.5.*

**Figure 5.5**

*Classe* Document

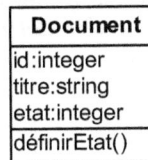

**Question 43** *Écrivez le code généré à partir de la classe* Bibliothèque *illustrée à la figure 5.6.*

**Figure 5.6**

*Classes*
Bibliothèque
*et* Document

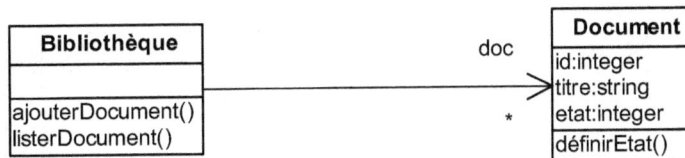

**Question 44** *Écrivez le code généré à partir des classes* Livre, CD, Revue *(voir figure 5.7).*

**Figure 5.7**

*Classes* CD, Livre
*et* Revue

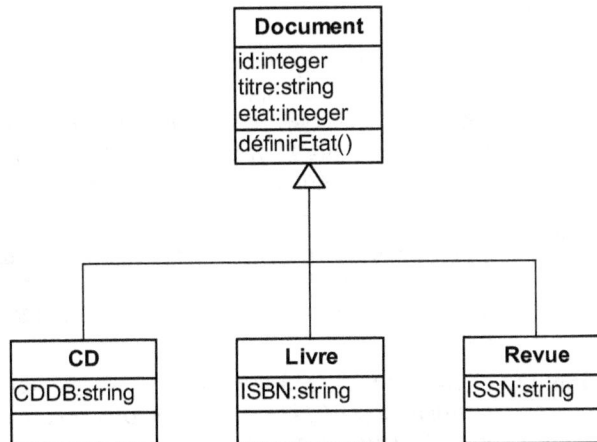

**Question 45**   *Écrivez le code généré à partir de l'association* CDdeLivre *représentée à la figure 5.8 après avoir défini les règles de génération de code que vous comptez utiliser.*

**Figure 5.8**

*Association* CDdeLivre

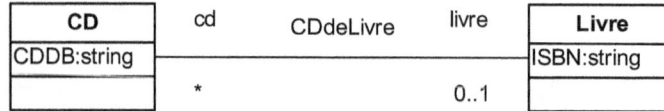

**Question 46**   *Écrivez le code généré à partir des classes représentées à la figure 5.9 après avoir défini les règles de génération de code que vous comptez utiliser.*

**Figure 5.9**

*Héritage multiple*

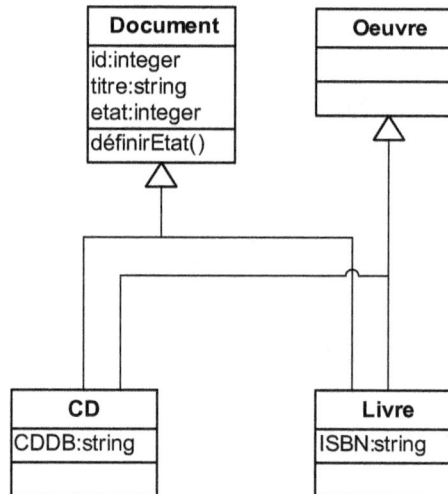

*Un mécanisme update permet de faire remonter les modifications du code Java dans le modèle UML avec lequel il est déjà synchronisé. Par exemple, considérons que le modèle UML et le code Java de la classe* Bibliothèque *sont synchronisés depuis la question 43 : si nous ajoutons dans le code l'attribut* nom *à la classe* Bibliothèque, *alors celui-ci apparaîtra dans le modèle UML après exécution de l'update.*

*Nous considérons pour l'instant que le mécanisme d'update correspond à une opération de Reverse Engineering du code Java, si ce n'est que les éléments du code qui n'apparaissaient pas dans le modèle y sont directement ajoutés.*

**Question 47**   *Construisez le modèle UML de la classe* Bibliothèque *(dont vous avez fourni le code à la question 43) obtenu par update après avoir ajouté dans le code Java les attributs* nom, adresse *et* type *dont les types sont des String.*

**Question 48**   *Nous voulons maintenant, toujours dans le code Java, changer l'attribut* type *en attribut* domaine. *Pensez-vous qu'il soit possible, après un update,* *que les deux attributs* `type` *et* `domaine` *puissent être présents dans le modèle ? Si oui, à quoi est dû ce comportement bizarre ?*

**Question 49** *Proposez un nouveau mécanisme d'update ne souffrant pas des défauts présentés à la question 48.*

**Question 50** *Proposez le mécanisme inverse de l'update permettant de modifier un modèle UML déjà synchronisé avec du code et de mettre à jour automatiquement le code Java.*

**Question 51** *Dans quelle approche de programmation par modélisation (Model Driven, Code Driven et Round Trip) ces mécanismes d'update sont-ils fondamentaux ?*

Ce TD aura atteint son objectif pédagogique si et seulement si :

- Vous comprenez le mécanisme de génération de code présenté.
- Vous avez pris conscience de la complexité et des limites d'une génération de code pour une application réelle.
- Vous avez compris l'importance du mécanisme d'update.

# 6

# Diagrammes de séquence

## Objectifs

- ■ Présenter les concepts UML relatifs à la vue comportementale (diagramme de séquence)

- ■ Présenter la notation graphique du diagramme de séquence UML

- ■ Expliquer la sémantique des séquences UML en précisant le lien avec les classes UML

## Vue comportementale du modèle UML

Depuis le début de ce cours, nous n'avons présenté que les concepts relatifs à la vue structurelle des applications. Dans le paradigme orienté objet, la structure d'une application est entièrement définie par ses classes et leurs relations. La vue structurelle est donc complètement couverte par les concepts UML relatifs aux classes (classe, opération, propriété, association, etc.). Rappelons que le diagramme de classes est la représentation graphique de cette vue.

L'aspect comportemental d'une application orientée objet est défini par la façon dont interagissent les objets qui composent l'application. À l'exécution, l'objet est l'entité de base d'une application. Les objets qui composent une application pendant son exécution et leurs échanges de messages permettent à l'application de réaliser les traitements pour lesquelles elle a été développée.

UML propose plusieurs vues permettant de définir les interactions entre objets. Une de ces vues permet de présenter des exemples d'interaction entre plusieurs objets. Grâce à ces exemples d'interactions, il est possible de mieux comprendre le comportement de l'application ou de vérifier que l'exemple d'interaction se déroule convenablement.

Cette vue, dont la représentation graphique est le diagramme de séquence, définit deux concepts principaux : celui d'objet et celui de message échangé entre deux objets. Une interaction permet d'identifier plusieurs objets et de représenter les messages qu'ils s'échangent.

## Concepts élémentaires

Cette section présente les concepts élémentaires de la vue comportementale d'un modèle UML. Dans notre contexte, ces concepts sont suffisants pour exprimer des exemples d'exécution d'une application.

### Objet

*Sémantique*

Dans une application, chaque objet peut envoyer et recevoir des messages des autres objets qui composent l'application. En UML, les objets qui participent à une interaction s'échangent des messages entre eux.

Nous considérerons que, dans une interaction, il n'existe pas d'objet qui n'échange pas de message avec d'autres objets.

Dans une application, tout objet est au moins instance d'une classe concrète. Cette classe est celle qui a permis de construire l'objet. En UML, les objets qui participent à une interaction peuvent ne pas avoir de classe dont ils sont instances. Nous appellerons ces objets des objets non typés. Les objets non typés sont utilisés dans les interactions pour spécifier des objets qui ne font que demander la réalisation d'opérations et dont on ne se soucie pas de connaître le type.

Dans une application, tout objet a un identifiant. En UML, les objets qui participent à une interaction peuvent ne pas avoir d'identifiant. Nous appellerons ces objets des objets anonymes. Les objets anonymes sont utilisés dans les interactions pour spécifier des objets qui ne sont utilisés qu'une seule fois. Il ne sert alors à rien de bien les identifier.

*Graphique*

Les objets qui participent à une interaction sont représentés graphiquement dans un diagramme de séquence par un carré contenant l'identifiant de l'objet (si l'objet n'est pas anonyme), suivi du nom de la classe dont l'objet est instance (si l'objet est typé). Attaché à ce carré, une ligne verticale représente la vie de l'objet dans le temps (l'axe du temps étant dirigé vers le bas du diagramme).

La figure 6.1 représente quatre objets, dont un objet anonyme non typé, un objet anonyme typé, un objet identifié non typé et un objet identifié typé.

Dans le cadre de ce cours, nous préconisons d'identifier et de typer quasiment tous les objets de toutes les interactions. Cela permet un meilleur suivi des cohérences entre les

**Figure 6.1**

*Représentation graphique des objets dans les interactions*

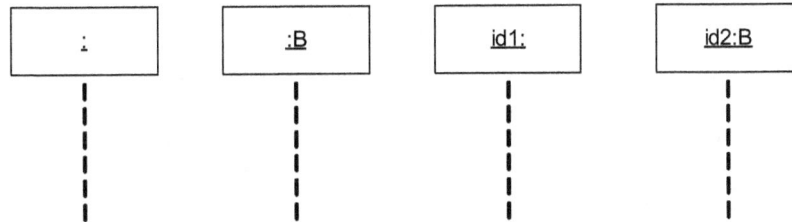

différentes parties du modèle. En fait, nous utilisons les objets non typés pour spécifier les objets externes au système (comme les utilisateurs), dont nous ne connaissons pas le type.

### Message

*Sémantique*

Dans une application orientée objet, les objets communiquent par échanges de messages. Le message le plus important est le message de demande de réalisation d'opération, par lequel un objet demande à un autre objet (ou à lui-même) de réaliser une des opérations dont il est responsable. En théorie, avec ce message seul, il est possible de décrire complètement le comportement d'une application.

UML intègre donc le message d'appel d'opération dans les interactions entre objets. Plus précisément, UML propose deux messages d'appel d'opération : un message pour les appels synchrones (l'appelant attend de recevoir le résultat de l'opération avant de continuer son activité) et un message pour les appels asynchrones (l'appelant n'attend pas de recevoir le résultat de l'opération et continue son activité après avoir envoyé son message).

UML propose aussi des messages de création et de suppression d'objets afin de gérer le cycle de vie des objets participant à une interaction. Dans une interaction UML, les objets peuvent soit exister au début de l'interaction, soit être créés par d'autres objets pendant l'interaction. Il est aussi possible de spécifier des suppressions d'objets. Celles-ci sont initiées par des objets participant à l'interaction. Un objet détruit ne peut plus recevoir de message.

*Graphique*

La figure 6.2 représente graphiquement les quatre messages suivants supportés dans les interactions UML :

- Le premier message est un message de création échangé entre l'objet identifié id1 et l'objet identifié id2. Ce message signifie que l'objet id1 crée l'objet id2.

- Le deuxième message est un message d'appel synchrone d'opération. L'objet id1 demande à l'objet id2 de réaliser l'opération nommée opération1. L'objet id1 attend que l'objet id2 finisse de réaliser cette opération avant de continuer son activité. Le message de fin de traitement est représenté par une flèche pointillée.

- Le troisième message est un message d'appel asynchrone d'opération. Ce message signifie que l'objet id1 demande à l'objet id2 de réaliser l'opération nommée opération2. Une même opération sur un même objet peut être appelée de manière synchrone et asynchrone dans une même interaction. Il aurait donc été possible d'appeler à nouveau l'opération opération1 mais de manière asynchrone. L'appel étant asynchrone, l'objet id1 n'a pas besoin d'attendre la fin du traitement de l'opération pour continuer son activité.

- Le dernier message est un message de suppression. L'objet id1 supprime l'objet id2.

**Figure 6.2**

*Représentation graphique des messages dans une interaction*

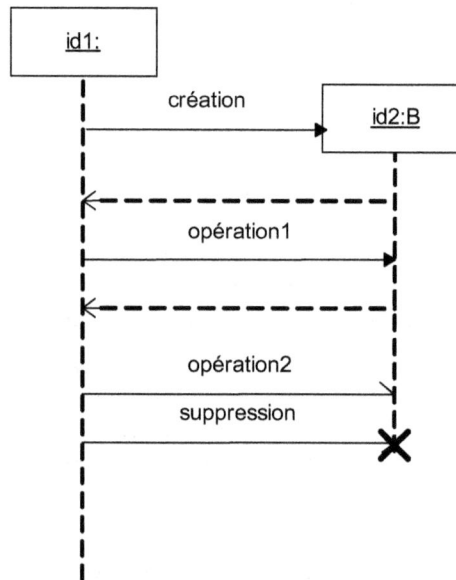

## Le temps dans les diagrammes de séquence

Une interaction spécifie une succession d'échanges de messages entre les objets participant à l'interaction. Le temps est donc très important puisqu'il précise l'ordre d'exécution entre tous les messages d'une même interaction.

Dans une interaction UML, le temps est gouverné par deux règles principales *(voir ci-après)*. Ces règles considèrent les messages d'appel synchrone d'opération et de création comme deux messages, un appel et un retour. Il y a donc une flèche de l'objet émetteur vers l'objet récepteur (appel) et une autre de l'objet récepteur vers l'objet émetteur (retour).

Chaque message est ensuite décomposé en deux événements, un événement d'envoi et un événement correspondant à la réception. L'envoi est matérialisé par l'extrémité de départ de la flèche correspondant au message et la réception par l'extrémité d'arrivée de la flèche. Ainsi, le temps est régulé par les règles suivantes :

1. Sur l'axe d'un objet, tous les événements sont ordonnés du haut vers le bas. Cela entraîne qu'un événement arrive avant un autre événement s'il est positionné plus haut sur l'axe d'un même objet.

2. Pour un même message, l'envoi se déroule toujours avant la réception.

Grâce à ces deux règles, il est possible de définir un ordre partiel entre tous les événements d'une interaction UML.

La figure 6.3 présente une interaction entre trois objets qui s'échangent des messages d'appels synchrones et asynchrones d'opérations.

**Figure 6.3**

*Diagramme de séquence*

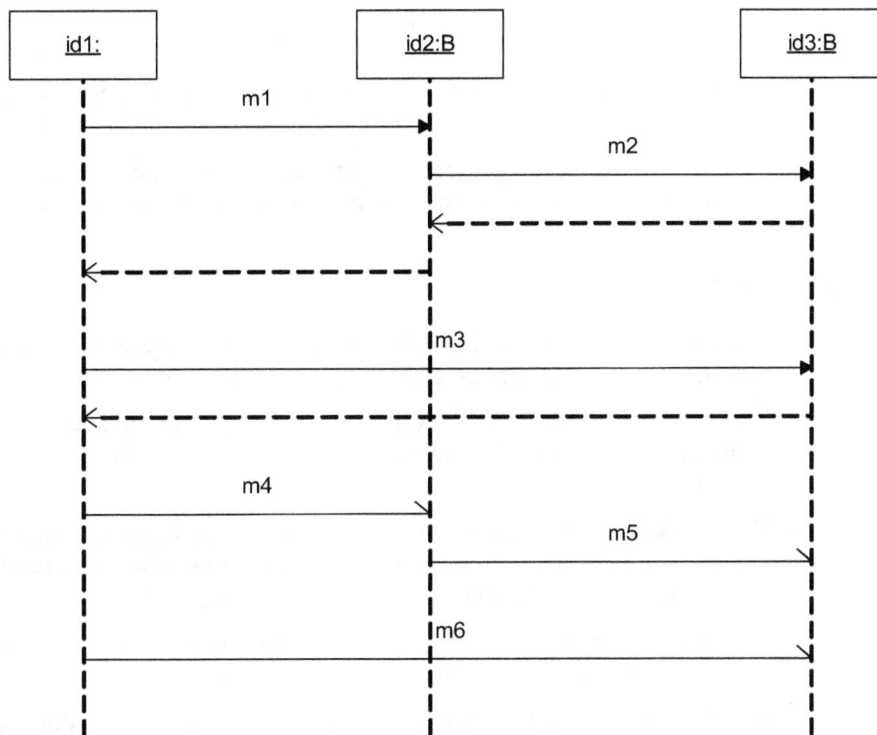

Grâce à nos deux règles, nous savons que ces échanges obéissent à l'ordre suivant :

Grâce à la règle 1 :

1. Sur l'axe de l'objet id1 : m1 (appel/envoi) avant m1 (retour/réception ) avant m3 (appel/envoi) avant m3 (retour/réception) avant m4 (appel/envoi) avant m6 (appel/envoi).

2. Sur l'axe de l'objet id2 : m1 (appel/réception) avant m2 (appel/envoi) avant m2 (retour/réception) avant m1 (retour/envoi) avant m4 (appel/réception) avant m5 (appel/envoi).

3. Sur l'axe de l'objet id3 : m2 (appel/réception) avant m2 (retour/envoi) avant m3 (appel/réception) avant m3 (retour/envoi) avant m5 (appel/réception) avant m6 (appel/réception).

Grâce à la règle 2 :

4. Pour tous les messages mi (x/envoi) avant mi (x/réception).

Grâce à ces déductions, nous pouvons voir, par exemple, qu'il n'existe pas d'ordre entre m5 (appel/envoi) et m6 (appel/envoi). Cela signifie que l'interaction ne précise pas que l'envoi de l'appel asynchrone de l'opération m5 se fait avant l'envoi de l'appel asynchrone de l'opération m6, même si le diagramme semble indiquer le contraire. Notons cependant que la réception de l'appel asynchrone de l'opération m5 se fait avant la réception de l'appel asynchrone de l'opération m6.

# Liens avec la vue structurelle du modèle

Nous avons insisté fortement dans les premiers chapitres de ce cours sur les relations de cohérence qui existent entre les différentes parties d'un même modèle.

Nous avons pour l'instant présenté les vues structurelle et comportementale d'un modèle UML. Nous précisons dans cette section les règles de cohérence entre ces deux vues.

## Objet et classe

Les seules relations de cohérence que nous considérons entre les diagrammes de séquence et les diagrammes de classes dans le cadre de ce cours sont les suivantes :

- Tout objet participant à une interaction doit obligatoirement avoir son type décrit sous forme de classe dans la partie structurelle. Nous déconseillons fortement l'utilisation d'objets non typés.

- Tout message d'appel d'opération (synchrone ou asynchrone) doit cibler une opération spécifiée dans la vue structurelle. Cette opération doit appartenir à la classe dont l'objet qui reçoit le message est instance.

- Tout message d'appel d'opération (synchrone ou asynchrone) doit porter les valeurs des paramètres de l'opération ciblée par le message.

Considérons, par exemple, l'interaction représentée par le diagramme de la figure 6.4.

**Figure 6.4**

*Objets typés
dans une interaction*

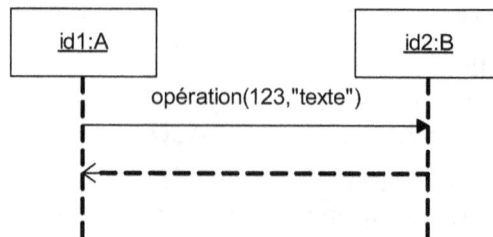

Les règles de cohérence entre parties de modèles nous imposent d'avoir dans la partie structurelle la définition des classes A et B ainsi que la définition de l'opération opération1

contenue dans la classe B. Notons que l'opération opération1 possède deux paramètres de direction in et dont les types sont respectivement integer et string

La figure 6.5 représente le diagramme de classes correspondant à cette partie structurelle (les paramètres de l'opération de la classe B sont masqués).

**Figure 6.5**

*Classes des objets typés*

Les règles de cohérence que nous venons de présenter imposent des contraintes sur la partie comportementale du modèle ainsi que sur la partie structurelle. Pour autant, elles n'imposent aucune contrainte sur la façon de créer un modèle cohérent.

Il est donc parfaitement envisageable de commencer la construction d'un modèle cohérent par la partie comportementale puis de finir par créer une partie structurelle cohérente. Inversement, il est aussi possible de commencer par la partie structurelle puis de finir par la partie comportementale. La troisième approche possible est de construire en parallèle les parties comportementale et structurelle. Nous conseillons fortement de tester chacune de ces trois approches afin de trouver celle qui convient le mieux à sa propre façon de penser.

## Diagramme et modèle

Nous avons vu au chapitre 3 la différence entre diagramme UML et modèle UML. Rappelons qu'un diagramme est une représentation graphique d'un modèle et qu'à un modèle peuvent correspondre plusieurs diagrammes. Cette relation que nous avons illustrée sur la partie structurelle du modèle est tout aussi importante pour la partie comportementale du modèle.

Un diagramme de séquence est la représentation graphique de la partie comportementale (interaction) d'un modèle UML. Toute les informations (objets, messages, etc.) sont contenues dans le modèle et représentées graphiquement à l'aide des diagrammes. Il est donc possible de représenter une même information dans différents diagrammes.

En fait, seuls les objets sont représentés dans plusieurs diagrammes. Cela permet de représenter graphiquement le fait qu'un même objet participe à plusieurs interactions. L'objectif est de représenter différentes possibilités d'un même comportement. Nous conseillons, par exemple, de spécifier les comportements nominaux (normal et sans erreur) et les comportements soulevant des erreurs avec les mêmes objets.

L'exemple illustré à la figure 6.6 présente deux interactions qui peuvent s'exécuter dans une application de gestion de prêts bancaires. Ces interactions font intervenir les mêmes objets (le client c1 et la banque bk). Notons que nous avons spécifié le client avec un objet non typé. La première interaction représente un cas nominal : le prêt est accordé. La deuxième montre un cas soulevant une erreur : le prêt est refusé.

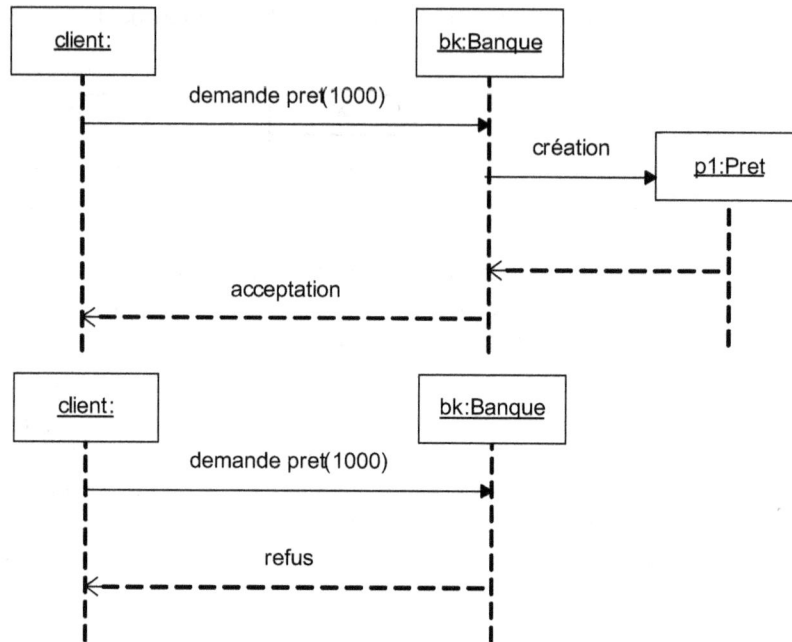

Le fait qu'un objet appartienne à plusieurs interactions n'a pas de conséquence sur l'ordre entre les événements des interactions. Il existe un ordre pour chaque interaction, et ces ordres sont indépendant les uns des autres.

## Concepts avancés

Les concepts avancés que nous présentons dans cette section permettent de bien comprendre le rôle des interactions dans un modèle UML vis-à-vis de la génération du code. Les concepts ajoutés dans la version UML 2.1 renforcent d'ailleurs ce rôle.

### Interactions et génération de code

Même si nous avons déjà indiqué que les interactions permettaient uniquement de spécifier des exemples d'exécution d'application, il est important de montrer pourquoi elles ne peuvent être utilisées pour spécifier intégralement des algorithmes et ainsi servir à la génération de code.

Il est important de préciser qu'une interaction ne définit qu'une seule exécution possible, alors qu'un algorithme définit l'ensemble des exécutions possibles. Pour spécifier un algorithme à l'aide d'interactions, il faudrait pouvoir spécifier chacune des exécutions possibles sous la forme d'une interaction. Il faudrait donc que l'ensemble des exécutions possibles soit fini mais aussi que les résultats retournés par l'algorithme ne dépendent que des valeurs données en entrée (déterminisme) et que l'algorithme ne modifie pas les états des objets participant à sa réalisation.

Prenons, par exemple, l'algorithme correspondant à la porte logique ET réalisant l'opération booléenne ET. Celui-ci semble pouvoir être spécifié intégralement à l'aide d'interactions puisque l'ensemble des exécutions possibles est fini, que le résultat ne dépend que de l'entrée et que l'état de l'objet ne change pas après exécution de l'algorithme.

Les quatre exécutions possibles de l'algorithme semblent pouvoir être représentées de la manière illustrée à la figure 6.7.

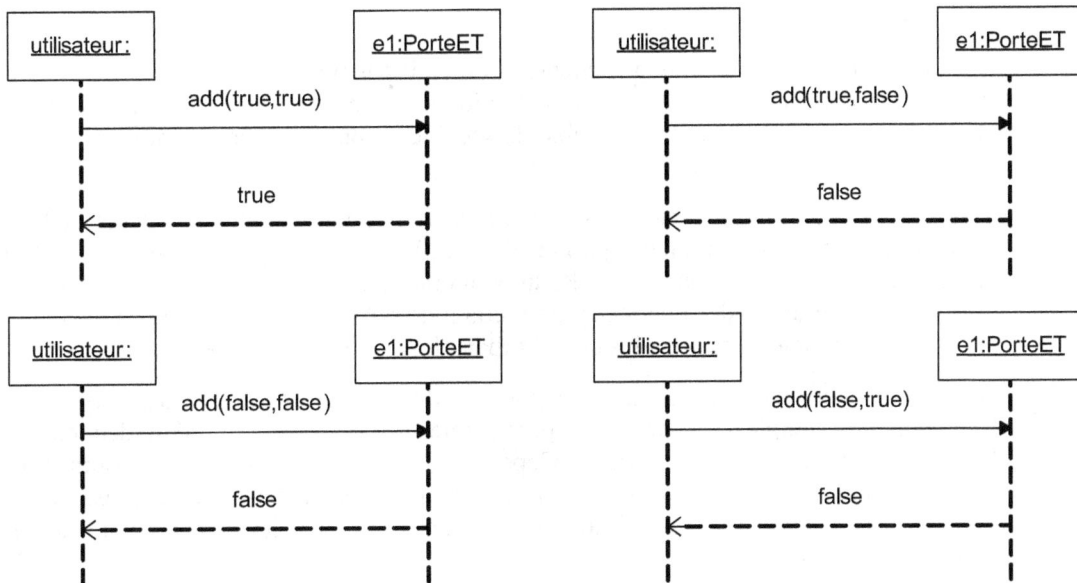

**Figure 6.7**
*Diagrammes de séquence spécifiant l'algorithme de la porte logique ET*

Pour pouvoir être totalement sûr que ces interactions spécifient l'intégralité des exécutions de la porte ET, il faut savoir, d'une part, que la porte ET a un comportement déterministe (le résultat ne dépend que de l'entrée) et, d'autre part, que l'exécution de la porte ET ne modifie par l'état de l'objet. En effet, si la porte ET avait un comportement indéterministe ou si le comportement modifiait l'état de l'objet, il ne serait pas possible de générer le code. Malheureusement, il n'est pas possible de préciser ces informations en UML.

En posant toutes ces conditions (ensemble fini d'exécutions, déterminisme et pas de modification de l'état de l'objet), il serait possible de générer le code suivant à partir des diagrammes que nous venons de présenter :

```
public boolean add(boolean a , boolean b) {
    if (a && b) return true ;
    else if (a && !b) return false ;
    else if ( !a && !b) return false ;
    else if ( !a && b) return false ;
}
```

En conclusion, nous pouvons dire qu'il est possible de spécifier des algorithmes et de générer du code à partir d'interactions si l'ensemble des comportements possibles est fini, si le comportement spécifié est déterministe et si le comportement ne modifie pas les états des objets. En d'autres termes, cela n'est pas impossible mais reste suffisamment rare pour ne jamais être employé.

## Fragment d'interaction

Dans UML 1.4 et les versions précédentes, il n'était pas possible de composer des interactions entre elles, ni d'intégrer une interaction dans une autre interaction. Cela posait problème parce qu'il n'était pas possible de spécifier et de réutiliser des interactions afin d'en construire de plus complexes.

Ce problème a été complètement résolu avec UML 2.1, qui supporte le concept de fragment d'interaction. Un fragment permet d'identifier une sous-partie d'une interaction afin que celle-ci soit référencée par d'autres interactions. Associé au concept d'interaction, UML 2.1 propose des opérateurs permettant de spécifier des conditions d'exécution telles que les boucles (loop) ou les tests (if then else) sur les fragments d'interactions.

Grâce à ces nouveaux concepts, il est possible de spécifier des exemples d'exécution beaucoup plus complexes et beaucoup plus lisibles grâce à la possibilité de décomposer les interactions en sous-interactions. Cependant, dans le contexte de ce cours, nous n'utilisons pas ces concepts avancés, car nous n'en avons pas besoin pour présenter les avantages qu'apportent les interactions lorsque nous utilisons UML pour le développement d'applications.

## Limites intrinsèques des interactions

Les interactions permettent uniquement de présenter des échanges de messages entre objets. Il n'est donc pas possible de spécifier :

- Les accès aux propriétés des objets, à moins d'utiliser des opérations d'accès aux propriétés.

- Les navigations sur les associations navigables.

- Les créations de liens entre objets.

- Les appels aux opérations de classes, car aucun objet n'est directement responsable de la réalisation de l'opération.

# Synthèse

Nous avons montré dans ce chapitre comment la vue comportementale pouvait être modélisée en UML à l'aide du concept d'interaction. Une interaction UML permet de spécifier un exemple d'exécution d'une application. Plus précisément, une interaction spécifie les échanges de messages effectués entre plusieurs objets qui composent l'application.

Après avoir présenté les concepts de base des interactions (objet et message), nous avons spécifié les contraintes de cohérence qui existent entre la partie structurelle et la partie comportementale du modèle. Nous avons aussi présenté les différentes approches de construction permettant la réalisation d'un modèle cohérent.

Nous avons en outre montré pourquoi les interactions ne permettaient pas de spécifier des algorithmes et ne permettaient donc pas de générer du code. Nous avons en particulier insisté sur le fait qu'une interaction ne spécifiait qu'une seule exécution possible d'une application.

Pour finir, nous avons introduit les concepts avancés des interactions UML en présentant notamment le concept de fragment, qui a été défini dans la version 2.0 d'UML. Soulignons que nous n'utiliserons pas ces concepts dans la suite de notre cours.

## Travaux dirigés

# TD6. Diagrammes de séquence UML

L'application `ChampionnatEchecs`, qui devra permettre de gérer le déroulement d'un championnat d'échecs est actuellement en cours de développement. L'équipe de développement n'a pour l'instant réalisé qu'un diagramme de classes de cette application *(voir figure 6.8)*.

La classe `ChampionnatDEchecs` représente un championnat d'échecs. Un championnat se déroule entre plusieurs joueurs (voir classe `Joueur`) et se joue en plusieurs parties (voir classe `Partie`). La propriété MAX de la classe `ChampionnatDEchecs` correspond au nombre maximal de joueurs que le championnat peut comporter. La propriété `fermer` permet de savoir si le championnat est fermé ou si de nouveaux joueurs peuvent s'inscrire.

`ChampionnatDEchecs` possède les opérations suivantes :

- `inscriptionJoueur(in nom:string, in prénom:string)` : integer permettant d'inscrire un nouveau joueur dans le championnat si le nombre de joueurs inscrits n'est pas déjà égal à MAX et si le championnat n'est pas déjà fermé. Si l'inscription est autorisée, cette opération crée le joueur et retourne son numéro dans le championnat.

- générerPartie() : **permet de fermer le championnat et de générer toutes les** parties nécessaires.

- obtenirPartieDUnJoueur(in numéro :integer) : Partie[*] : **permet d'obtenir la liste** de toutes les parties d'un joueur (dont le numéro est passé en paramètre).

- calculerClassementDUnJoueur(in    numéro :interger) : integer **permettant de** calculer le classement d'un joueur (dont le numéro est passé en paramètre) pendant le championnat.

**Figure 6.8**

*Classes*
*de l'application*
ChampionnatEchecs

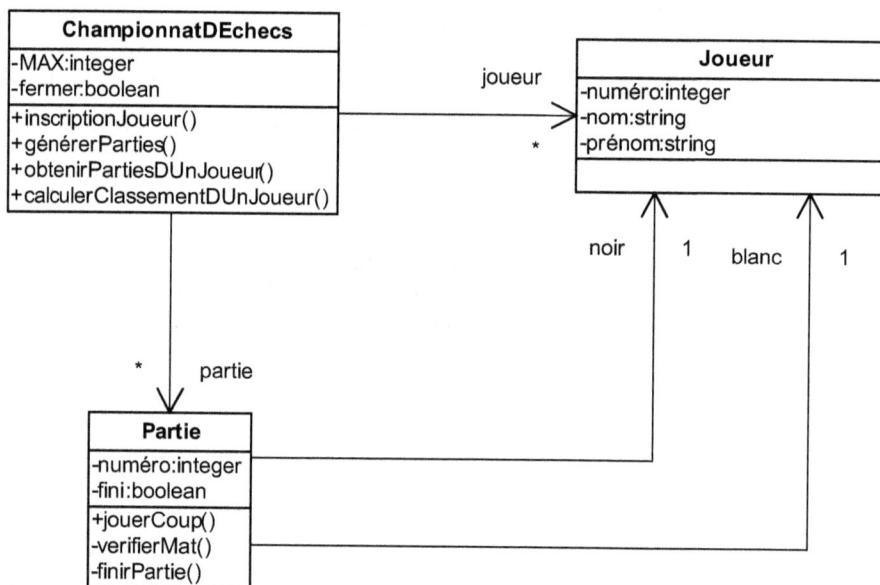

La classe Partie représente une des parties du championnat. La classe Partie est d'ailleurs associée avec la classe ChampionnatDEchecs, et l'association précise qu'un championnat peut contenir plusieurs parties. Une partie se joue entre deux joueurs. Un joueur possède les pièces blanches et commence la partie alors que l'autre joueur possède les pièces noires. Les associations entre les classes Partie et Joueurs précisent cela. La propriété numéro correspond au numéro de la partie (celui-ci doit être unique). La propriété fini permet de savoir si la partie a déjà été jouée ou pas.

La classe Partie possède les opérations suivantes :

- jouerCoup(in coup:string) : permet de jouer un coup tant que la partie n'est pas finie. Le traitement associé à cette opération fait appel à l'opération vérifierMat afin de savoir si le coup joué ne met pas fin à la partie. Si tel est le cas, l'opération finirPartie est appelée.

- vérifierMat() : boolean permettant de vérifier si la position n'est pas mat.

- finirPartie : permet de préciser que la partie est finie. Il n'est donc plus possible de jouer de nouveaux coups.

La classe `Joueur` représente les joueurs du championnat. La classe `Joueur` est d'ailleurs associée avec la classe `ChampionnatDEchecs`, et l'association précise qu'un championnat peut contenir plusieurs joueurs. La propriété `numéro` correspond au numéro du joueur (celui-ci doit être unique). Les propriétés `nom` et `prénom` permettent de préciser le nom et le prénom du joueur.

Un championnat d'échecs se déroule comme suit :

- Un administrateur de l'application crée un championnat avec une valeur `MAX`.
- Les participants peuvent s'inscrire comme joueurs dans le championnat.
- L'administrateur crée l'ensemble des parties.
- Les participants, une fois inscrits, peuvent consulter leur liste de parties.
- Les participants, une fois inscrits, peuvent jouer leurs parties. Nous ne nous intéressons qu'aux coups joués par chacun des deux joueurs. Nous ignorons l'initialisation de la partie (identification du joueur qui a les pions blancs et donc qui commence la partie).
- Les participants peuvent consulter leur classement.

Dans les questions suivantes, nous allons spécifier des exemples d'exécution de `ChampionnatDEchecs` avec des diagrammes de séquence.

**Question 52**    *Comment modéliser les administrateurs et les participants ?*

**Question 53**    *Représentez par un diagramme de séquence le scénario d'exécution correspondant à la création d'un championnat et à l'inscription de deux joueurs. Vous assurerez la cohérence de votre diagramme avec le diagramme de classes fourni à la figure 6.8.*

**Question 54**    *Représentez par un diagramme de séquence le scénario d'exécution correspondant à la création de l'ensemble des parties pour le championnat créé à la question 53. Vous assurerez la cohérence de votre diagramme avec le diagramme de classes fourni à la figure 6.8.*

**Question 55**    *Représentez par un diagramme de séquence le scénario d'exécution correspondant au déroulement de la partie d'échecs entre deux joueurs. Vous pouvez considérer une partie qui se termine en quatre coups. Vous assurerez la cohérence de votre diagramme avec le diagramme de classes fourni à la figure 6.8..*

**Question 56**    *Est-il possible de générer automatiquement le code d'une opération de cette application à partir de plusieurs diagrammes de séquence ?*

**Question 57**    *Est-il possible de construire des diagrammes de séquence à partir du code d'une application ?*

*Une équipe de développement souhaite réaliser une application `Calculus` qui permet à des utilisateurs d'effectuer des opérations arithmétiques simples sur des entiers : addition, soustraction, produit, division. Cette application a aussi une fonction mémoire qui permet à l'utilisateur de stocker un nombre entier qu'il pourra ensuite utiliser pour n'importe quelle opération. Les opérations peuvent directement s'effectuer sur la mémoire. L'utilisateur se connecte et ouvre ainsi une nouvelle session. Puis, dans le* *cadre d'une session, l'utilisateur peut demander au système d'effectuer une suite d'opérations.*

**Question 58** *Utilisez des diagrammes de séquences pour représenter les différents scénarios d'exécution du service Calculus.*

**Question 59** *Pour chacune des instances apparaissant dans votre diagramme de classes, créez la classe correspondante.*

Ce TD aura atteint son objectif pédagogique si et seulement si :

- Vous savez élaborer un diagramme de séquence cohérent avec un diagramme de classes.
- Vous savez élaborer un diagramme de classes cohérent avec un ensemble de diagrammes de séquence.
- Vous avez compris la relation qui existe entre une interaction et du code.

# 7

# Diagrammes de séquence de test

## Objectifs

■ Présenter les concepts du test

■ Sensibiliser à la difficulté de la construction d'une suite de tests

■ Présenter l'intérêt des interactions UML pour la spécification des cas de test

■ Présenter le cycle de développement avec UML intégrant les tests

## Les tests

Grâce notamment aux techniques dites XP (eXtreme Programming), les tests sont de plus en plus utilisés en développement. L'idée générale est de pouvoir tester le code que nous sommes en train de développer afin de nous assurer que celui-ci est correct, c'est-à-dire qu'il respecte le fameux besoin du client *(voir le chapitre 1)*.

Le concept de test n'est cependant pas si simple, et il est nécessaire de bien avoir en tête certaines définitions avant de voir comment intégrer les tests dans un cycle de développement avec UML.

Avant de présenter les définitions des concepts nécessaires aux tests, il est important de savoir répondre à la question suivante : « À quoi sert le test ? ». Pour l'IEEE, le but du test est de révéler les fautes.

Il s'ensuit les définitions suivantes :

- Une faute intervient quand l'exécution d'un logiciel fournit un résultat autre que celui attendu *(IEEE std 982 1044)*.

- Une faute est causée par une ou plusieurs défaillances dans une implémentation *(IEEE std 982 1044)*.

- Un cas de test est un test d'une propriété particulière d'une application. Il s'agit d'un scénario d'exécution de l'application exhibant une suite de stimuli et comparant les résultats obtenus après stimulation de l'application avec les résultats attendus.

- Une suite de tests est un ensemble de cas de test permettant de valider l'ensemble des propriétés d'une application.

En résumé, nous pouvons dire que les tests sont réalisés dans l'objectif de trouver les défaillances (bogues) d'une application. Pour ce faire, chaque test (cas de test) stimule l'application afin de provoquer une éventuelle faute. Lorsqu'une faute est révélée, cela signifie que l'application contient une ou plusieurs défaillances.

L'idée principale du test fonctionne donc sur l'implication suivante :

*Faute révélée* implique *défaillance(s) dans l'application.*

À partir de cette implication, nous comprenons mieux pourquoi le test a pour objectif de révéler des fautes : c'est en révélant des fautes que nous pouvons affirmer que l'application contient des défaillances.

Soulignons que cette implication n'est pas une équivalence. Ce n'est pas parce qu'aucune faute n'est révélée que nous pouvons affirmer que l'application ne contient pas de défaillances.

Soulignons de surcroît que les tests n'offrent aucun mécanisme pour trouver la raison des défaillances dans le code de l'application et, par voie de conséquence, aucun mécanisme pour les corriger.

Associés à ces concepts relativement théoriques, les concepts suivants ont été définis afin de mettre en pratique l'exécution du test :

- Un cas de test abstrait est un cas de test construit à partir de la spécification de l'application.

- Un cas de test exécutable est un cas de test exécutable sur une architecture d'implémentation cible. Un test exécutable est construit à partir d'un test abstrait.

- Un testeur est une application qui contrôle l'exécution de l'application à tester en lui fournissant les entrées et en comparant les résultats retournés par l'application aux résultats prévus (c'est-à-dire les résultats spécifiés).

Ainsi, afin de réaliser et d'exécuter une suite de tests sur une application, il est nécessaire de :

1. Construire l'ensemble des cas de test abstraits composant la suite de tests. Ces cas de test sont basés sur la spécification de l'application.

2. Construire l'ensemble des cas de test exécutables composant la suite de tests. Ces cas de test sont basés sur les cas de test abstraits et doivent pouvoir s'exécuter sur l'application.

3. Construire un testeur capable d'exécuter la suite de tests sur l'application afin de rendre le verdict (comparaison entre les résultats obtenus et les résultats attendus). Nous verrons dans la suite de ce chapitre que certains environnements Open Source proposent des testeurs.

## Comment utiliser les tests ?

Les définitions que nous venons de rappeler impliquent qu'il faut disposer d'une spécification de l'application pour pouvoir construire les cas de test abstraits. Dans notre contexte, nous pouvons considérer que la spécification de l'application est incluse dans le modèle de l'application.

Nous avons aussi montré qu'il fallait disposer d'une application exécutable pour construire des cas de test exécutables. Dans notre contexte, nous pouvons réduire l'application exécutable au code de l'application, car seul le code est nécessaire pour pouvoir exécuter l'application.

Cette distinction entre « spécification de l'application » et « application exécutable » ainsi que les relations qui existent avec les cas de test abstraits et exécutables sont schématisées à la figure 7.1 (les flèches représentent les dépendances entre les éléments).

**Figure 7.1**

*Dépendances entre tests et application*

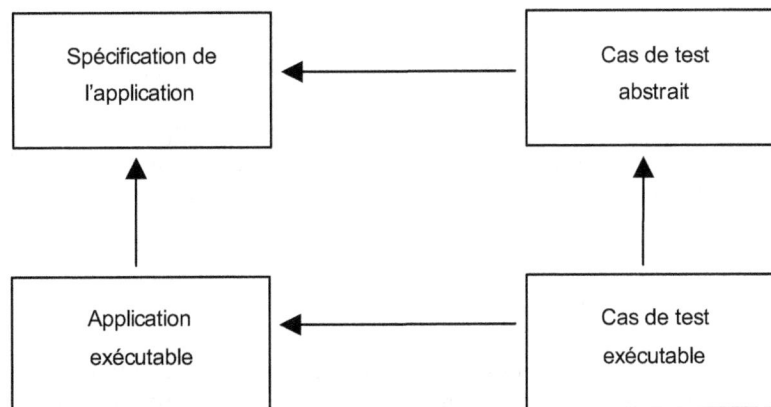

Cette présentation des relations entre, d'une part, les cas de test abstraits et exécutables et, d'autre part, la spécification de l'application et l'application exécutable met bien en évidence l'importance des cas de test abstraits.

En effet, c'est uniquement de leur qualité que dépend la qualité des résultats obtenus (en terme de fautes révélées, par exemple). Si les cas de test abstraits sont mal construits et stimulent mal l'application, aucune faute ne peut être révélée. Les cas de test exécutables ne sont qu'un reflet des cas de test abstraits afin de permettre leur exécution sur l'application.

De ce fait, la difficulté la plus importante dans la réalisation d'une suite de tests réside dans la construction des cas de test abstraits. Comment construire de « bons » cas de test abstraits, autrement dit comment construire des cas de test qui permettent de révéler les fautes d'une application ? Ces questions relèvent encore malheureusement du domaine de la recherche.

Nous pourrions ajouter la question suivante : comment faire un ensemble de cas de test abstraits complet, autrement dit comment faire un ensemble de cas de test suffisamment exhaustif pour assurer une certaine qualité d'une application lorsque aucune faute n'est révélée ? Ces questions, tout aussi importantes que les précédentes, sont aussi des questions de recherche.

Nous ne détaillons pas les réponses actuelles à ces questions, qui sortent du contexte de ce cours. Nous pouvons néanmoins prendre conscience de leur complexité grâce à un exemple simple tel que celui d'une application réalisant un tri alphabétique sur les cases d'un tableau de chaînes de caractères.

Une faute possible de cette application serait de mal trier les cases du tableau. Construire un cas de test visant à révéler cette faute est cependant extrêmement complexe. Sur quelles chaînes de caractères faut-il tester l'application ? Sur quelles tailles de tableau faut-il tester l'application ? Quel serait un ensemble de cas de test abstraits suffisamment complet pour pouvoir assurer dans une certaine mesure que l'application réalise correctement le tri de n'importe quel tableau ?

# Écriture de cas de test à partir d'un modèle UML

Le test apporte un gain significatif dans le développement d'applications informatiques. Il est donc absolument nécessaire de l'intégrer à notre cycle de développement avec UML. Nous présentons dans cette section une façon de spécifier les cas de test avec UML.

## Cas de test abstrait et interaction

Nous avons vu au chapitre précédent qu'une interaction représentait une succession d'échanges de messages entre plusieurs objets qui peuvent survenir pendant l'exécution d'une application.

Il est possible de vérifier qu'une interaction est réalisée par l'exécution d'une application. Cela signifie que la succession d'échanges de messages spécifiée par l'interaction a été réalisée par l'application lors de son exécution.

Dans le contexte du test, nous pouvons très facilement faire un rapprochement entre les interactions et les cas de test. En effet, il est possible de considérer que la partie du cas de test qui concerne les stimuli envoyés par le testeur vers l'application est un échange de messages entre le testeur et des objets de l'application. Cette partie du cas de test peut donc être spécifiée grâce à une interaction.

Pour pouvoir spécifier intégralement un cas de test, il faut dès lors être capable d'ajouter aux interactions la spécification des résultats attendus, ainsi qu'une information précisant que l'interaction spécifie un scénario initié par un objet externe à l'application (le testeur).

Nous proposons donc de modifier les classiques interactions UML afin de pouvoir spécifier des cas de test. Nous appellerons *interaction de test* une interaction respectant les contraintes suivantes :

- L'interaction doit obligatoirement contenir un objet représentant le testeur. Cet objet doit être identifié Testeur et ne pas avoir de type. L'objet Testeur ne doit pas être créé ni supprimé par un objet de l'interaction. L'objet Testeur ne doit pas non plus recevoir de message d'appel d'opération.

- L'interaction doit obligatoirement contenir d'autres objets. Tous les autres objets doivent être identifiés et typés. Tous ces objets doivent être créés par l'objet Testeur.

- L'interaction peut contenir des messages d'appel d'opération synchrone ou asynchrone, mais seul l'objet Testeur peut être l'objet qui envoie ces messages.

- L'interaction doit contenir une note contenant le résultat attendu.

Nous appellerons diagramme de séquence de test le diagramme de séquence représentant graphiquement une interaction de test. Ce diagramme doit respecter les contraintes suivantes :

- L'objet Testeur doit être l'objet le plus à gauche du diagramme.

- La note contenant le résultat attendu doit apparaître sur le diagramme, de préférence en bas, après le dernier message.

La figure 7.2 présente un diagramme de séquence de test représentant un cas de test abstrait sur l'algorithme de tri que nous avons présenté précédemment. Ce diagramme respecte toutes les contraintes que nous avons définies. Soulignons que ce cas de test abstrait ne permet que de s'assurer que l'algorithme ne retourne pas d'erreur de tri si nous lui demandons de trier le tableau « b », « a », « c ». Ce cas de test ne donne donc aucune garantie quant au résultat du tri sur tout autre jeu de données.

Soulignons que les interactions de test permettent de spécifier les cas de test abstraits et non les cas de test concrets. En effet les interactions sont cohérentes avec les classes UML qui ne sont pas exécutables car elles ne contiennent pas les traitements associés à leurs opérations autrement que sous forme de note de code écrite dans des langages de programmation tels que Java.

### Cas de test exécutables et interactions

Nous avons déjà précisé qu'un cas de test exécutable était le reflet d'un cas de test abstrait afin de permettre son exécution sur l'application. Dit autrement, un cas de test exécutable est la traduction d'un cas de test abstrait dans un langage de programmation particulier.

**Figure 7.2**

*Cas de test abstrait en UML*

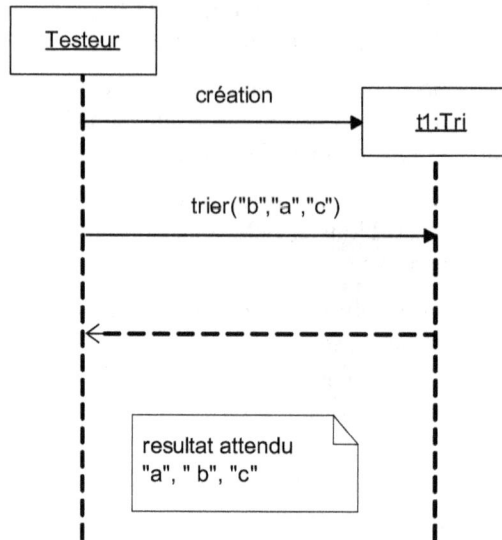

Étant donné, d'une part, que nous spécifions les cas de test abstraits à l'aide d'interactions cohérentes avec la partie structurelle du modèle et que, d'autre part, nous générons le code de l'application grâce à l'opération de génération de code à partir de cette partie structurelle, il semble naturel de vouloir générer les cas de test exécutables à l'aide d'une opération de génération de code de test similaire à l'opération de génération de code que nous avons présentée au chapitre 5.

Nous proposons donc de définir une opération de génération de code de test à partir d'une interaction. Ce code de test devant être exécuté par un testeur, nous faisons le choix de ne pas développer nous-même ce testeur mais de réutiliser le framework de test JUnit *(http://www.junit.org/index.htm).* Celui-ci propose une API Java permettant de coder des cas de test et de les exécuter sur une application Java.

Notre opération de génération de code de test à partir d'une interaction s'appuie donc sur le framework JUnit et est spécifiée avec les règles de correspondance suivantes :

1. À toute interaction doit correspondre un cas de test JUnit. Cela signifie qu'une nouvelle classe Java doit être construite. Cette classe doit hériter de la classe JUnit `TestCase`. La classe doit contenir une méthode correspondant au test. Cette méthode aura pour nom `testExecutable`.

2. Dans la méthode `testExecutable` de la classe correspondant au cas de test, il doit correspondre un appel de méthode Java pour chaque message de l'interaction partant de l'objet `Testeur`.

   – Si le message est une création, l'appel de méthode Java doit être une création d'objet (`new`).
   – Si le message est une suppression d'objet, nous considérons que la génération s'arrête en soulevant une erreur, car Java ne supporte pas les suppressions d'objets.

– Si le message est un appel synchrone d'opération, l'appel de méthode Java doit être un appel vers la méthode Java correspondant à l'opération.

– Si le message est un appel asynchrone d'opération, nous considérons que la génération s'arrête en soulevant une erreur, car Java ne supporte pas nativement les appels asynchrones.

3. Dans la méthode `testExecutable` de la classe correspondant au cas de test, il doit correspondre une assertion JUnit correspondant au résultat attendu spécifié dans l'interaction. Pour pouvoir automatiser l'écriture de cette assertion JUnit, il faut proposer un formalisme de spécification du résultat attendu dans l'interaction UML (notre exemple ne fait que spécifier le résultat attendu en langage naturel). UML ne standardise pas un tel formalisme, mais la plupart des outils UML proposent chacun leur propre formalisme de spécification.

En appliquant ces règles de génération de code de test sur le cas de test abstrait que nous avons spécifié à la section précédente à l'aide d'une interaction, nous obtenons le cas de test exécutable suivant :

```
public class TriInteraction extends TestCase {
    public void testExecutable() {
        t1 = new Tri() ;
        String[] resultatObtenu = t1.trier("b" , "a", "c") ;
        assertEquals(resultatObtenu[0] , "a") ;
assertEquals(resultatObtenu[1] , "b") ;
assertEquals(resultatObtenu[2] , "c") ;
    }
}
```

Grâce au framework JUnit, ce cas de test exécutable peut être exécuté sur l'application qui aura été obtenue à l'aide d'une génération de code.

# Synthèse

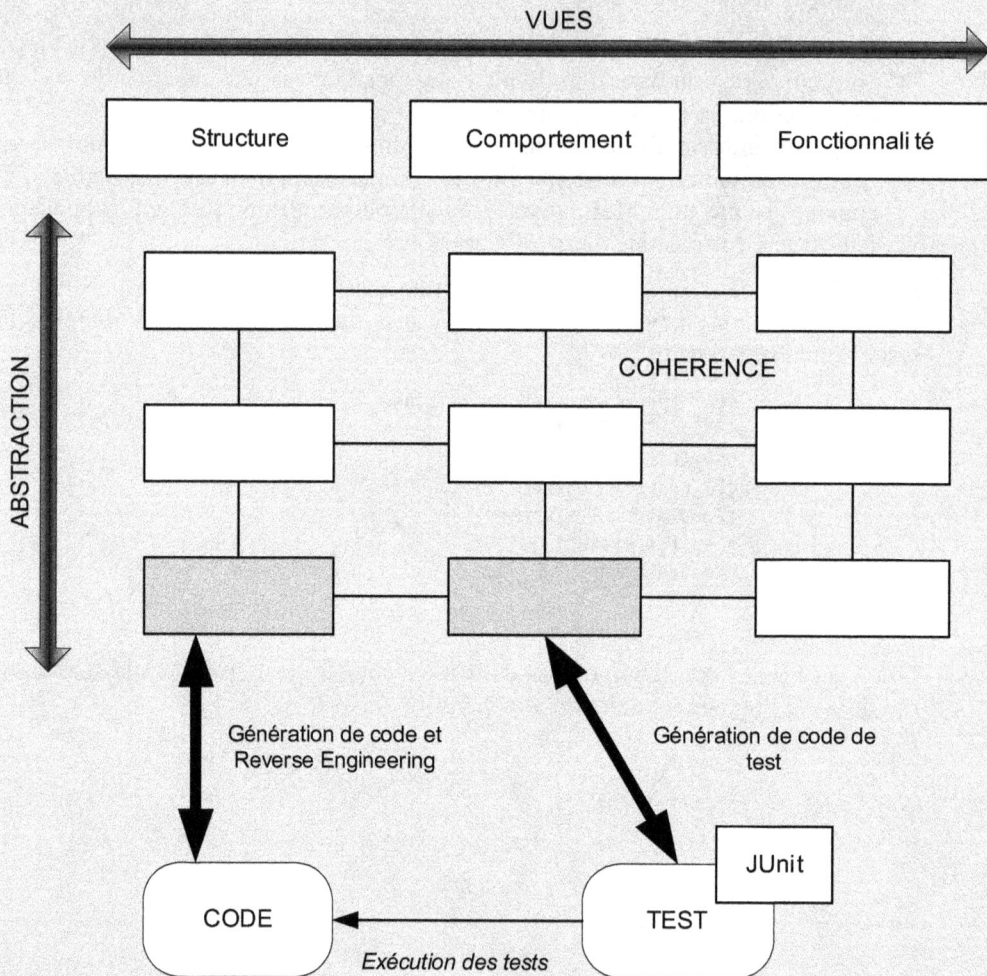

**Figure 7.3**

*Le test dans notre cycle de développement avec UML*

Nous avons introduit dans ce chapitre les concepts de base du test. Nous avons en particulier insisté sur le principe fondamental du test, qui est de révéler les fautes de l'application afin de permettre l'identification des défaillances. Il est important de souligner le fait que, si aucune faute n'est révélée, cela ne donne aucune garantie sur la non-existence de défaillances. Nous avons simplement identifié un ensemble de « données » ne provoquant pas de défaillance et n'avons aucune information sur ce qui se passe avec d'autres données.

Nous avons ensuite présenté les concepts permettant la réalisation du test. Nous avons notamment détaillé les relations entre la spécification de l'application, le code de l'application, les cas de test abstraits et les cas de test exécutables.

Nous avons en outre montré en quoi les interactions UML et les diagrammes de séquence pouvaient être utilisés pour spécifier les cas de test abstraits. Pour ce faire, nous avons proposé une façon d'utiliser les interactions afin de permettre une spécification complète des cas de test.

Pour finir, nous avons présenté une opération de génération de code de test à partir des interactions de test.

Nous pouvons dès lors intégrer tous ces mécanismes dans notre cycle de développement avec UML.

La figure 7.3 schématise cette intégration en mettant bien en évidence le fait que les parties structurelles et comportementales de bas niveau d'abstraction sont exploitées et offrent des gains de productivité pour le développement de l'application. En effet, si des fautes sont révélées après l'exécution des tests sur l'application, l'identification et la correction des défaillances peuvent se faire soit sur le code, soit sur le modèle.

## Travaux dirigés

# TD7. Diagrammes de séquence de test

La classe Partie de l'application de gestion de championnat d'échecs présentée au TD6 représente une partie d'échecs. Elle permet aux joueurs de jouer leur partie en appelant l'opération jouerCoup(). Chaque fois qu'un coup est joué, l'opération vérifierMat() est appelée afin de vérifier que la position n'est pas mat. Si tel est le cas, la partie est finie. Aucun coup ne peut alors être joué (voir TD6 pour la modélisation de classe Partie ainsi qu'un diagramme de séquence spécifiant un cas nominal de déroulement d'une partie entre deux joueurs).

**Question 60.** *Identifiez une faute qui pourrait intervenir lors du déroulement d'une partie.*

**Question 61.** *Définissez un cas de test abstrait visant à révéler cette faute.*

**Question 62.** *Construisez un diagramme de séquence de test modélisant le cas de test abstrait de la question précédente.*

**Question 63.** *Écrivez le pseudo-code Java du cas de test exécutable correspondant au cas de test abstrait de la question précédente.*

**Question 64.** *Si ce cas de test ne révèle pas de faute, est-ce que cela signifie que l'application ne contient pas de défaillance ?*

**Question 65.** *Combien de cas de test faudrait-il élaborer pour améliorer la qualité de l'application ?*

*L'application permettant la gestion de championnat d'échecs contient aussi la classe* ChampionnatDEchecs, *qui est associée à la classe* Partie *et qui permet de gérer l'inscription des joueurs et la création des parties (voir TD6).*

**Question 66.** *Identifiez une faute qui pourrait intervenir lors de la création des parties d'un championnat. Définissez un cas de test abstrait visant à révéler cette faute, et construisez un diagramme de séquence de test modélisant ce cas de test abstrait.*

**Question 67.** *Est-il possible de lier les deux cas de test abstrait que vous avez définis (un à la question 61, l'autre à la question 66) ?*

Ce TD aura atteint son objectif pédagogique si et seulement si :

- Vous savez identifier des fautes possibles.
- Vous savez définir les cas de test permettant de révéler les fautes.
- Vous avez conscience de la complexité de définir un jeu de tests complet.

# 8

# Plates-formes d'exécution

## Objectifs

■ Définir la notion de plate-forme d'exécution

■ Présenter la façon dont UML prend en charge les plates-formes

■ Préciser comment et pourquoi s'abstraire des plates-formes d'exécution

## Java dans UML

Depuis le début de ce cours, tous les modèles UML que nous avons présentés étaient plus ou moins liés à Java. Il est cependant essentiel de différencier, dans un modèle UML, les éléments qui dépendent de Java et les autres.

Nous introduisons dans cette section les concepts de modèle UML pour Java et de modèle 100 % UML afin d'expliciter cette différence.

### Modèles 100 % UML et modèles UML pour Java

Lorsque nous avons présenté l'opération de Reverse Engineering, nous avons expliqué, d'une part, que les classes de l'API Java étaient introduites dans le modèle et, d'autre part, que le code Java était intégré au modèle dans des notes attachées aux opérations des classes.

Lorsque nous avons présenté l'opération de génération de code, nous avons précisé des contraintes sur les modèles. Ces contraintes ont été définies afin d'assurer la génération du code Java. Elles dépendent donc de Java. Par exemple, nous avons précisé qu'il ne fallait pas que le modèle UML utilise l'héritage multiple, car celui-ci n'était pas supporté dans Java.

Lorsque nous avons présenté les interactions, nous avons précisé des règles assurant leur cohérence avec la partie structurelle du modèle. De ce fait, elles dépendent aussi de Java. Il est notamment envisageable que des objets participant aux interactions soient des objets instances des classes de l'API Java.

Pour finir, lorsque nous avons présenté la génération du code de test, nous avons utilisé la plate-forme JUnit, qui est une plate-forme Java. Les interactions de tests sont donc elles aussi fortement dépendantes de Java.

Pour résumer, les modèles que nous avons réalisés depuis le début de ce cours sont des modèles UML qui dépendent de Java. Nous les appelons « modèles UML pour Java ». À l'inverse, nous appelons « modèles 100 % UML » les modèles indépendants de tout langage de programmation.

## UML productif ou pérenne

S'il existe deux sortes de modèles UML (modèles 100 % UML et modèles UML pour Java), il est important de bien comprendre ce qui les différencie et d'identifier les gains que nous pouvons obtenir de chacun d'entre eux.

Nous connaissons très bien les modèles UML pour Java, car ce sont les modèles que nous avons utilisés depuis le début de ce cours. Comme indiqué à la section précédente, la particularité d'un modèle UML pour Java est de dépendre du langage de programmation Java. Cette particularité est autant un avantage qu'un inconvénient.

L'avantage est que, grâce à cette dépendance, les opérations de génération de code et de Reverse Engineering peuvent être réalisées conjointement, garantissant ainsi une synchronisation entre le modèle et le code d'une application. Grâce à cette synchronisation, il est possible d'obtenir à la fois les avantages des opérations réalisables sur les modèles (recherche et modification des dépendances, génération de documentation, spécification et génération des cas de test en cohérence avec l'application) et les avantages des opérations réalisables sur le code (codage, compilation et exécution).

Les modèles UML pour Java offrent donc des gains de productivité vers le langage Java.

Cette caractéristique des modèles UML pour Java est aussi un inconvénient, en ce qu'elle restreint les gains potentiels offerts par UML uniquement à des gains de productivité vers le langage Java. Pour autant, UML a été défini historiquement afin de faciliter la compréhension et la conception d'applications orientées objet. La majorité des concepts UML ont été définis afin de mieux appréhender la complexité de la construction de ces applications. Le concept d'association, par exemple, est très intéressant pour spécifier les liens structurels existant entre les classes. Ce concept permet typiquement de gérer la complexité des applications mais n'offre pas de gains de productivité pour générer le code de l'application.

Les modèles UML pour Java n'offrent donc que peu de gains pour gérer la complexité des applications orientées objet.

Comme leur nom l'indique, les modèles 100 % UML sont quant à eux complètement indépendants des plates-formes d'exécution. Leurs avantages et inconvénients sont donc essentiellement inverses à ceux des modèles UML pour Java.

---

**Plate-forme d'exécution**

La notion de « plate-forme d'exécution » englobe à la fois les langages de programmation (Java, C++, C#, etc.) et les serveurs d'applications (J2EE, PHP, EJB, .Net, etc.).

---

Le fait que les modèles soient indépendants des plates-formes d'exécution fait que les informations qu'ils contiennent sont, par définition, indépendantes des changements internes des plates-formes.

La plate-forme Java, par exemple, a déjà changé cinq fois de version en dix ans, avec des modifications assez importantes de l'API, qui nécessitent une modification des modèles UML pour Java déjà réalisés si l'application modélisée doit pourvoir s'exécuter sur la nouvelle plate-forme. Faire un modèle 100 % UML permet de s'affranchir de ces modifications et donc de rendre l'information beaucoup plus pérenne.

Faire un modèle 100 % UML permet en outre, et surtout, de faire des choix de conception indépendamment des plates-formes d'exécution. Il est ainsi possible de commencer un développement sans avoir, au préalable, choisi la plate-forme d'exécution.

Pour finir, soulignons que la pérennité de l'information contenue dans un modèle 100 % UML est plus facile à atteindre grâce à l'emploi de tous les concepts UML construits spécialement pour cela (association, objet non typé, etc.). Rappelons que l'objectif premier d'UML était d'être un langage de modélisation, et non un langage de programmation.

L'inconvénient des modèles 100 % UML est toutefois de n'avoir aucun lien avec les plates-formes d'exécution. De ce fait, il est très difficile de générer du code exécutable à partir d'un modèle 100 % UML. Si nous prenons l'exemple de la plate-forme Java, que nous connaissons déjà, il est très difficile de générer du code à partir d'un modèle 100 % UML utilisant l'héritage multiple.

Pour résumer, les modèles UML pour Java et les modèles 100 % UML sont complémentaires. Les modèles UML pour Java offrent des gains de productivité, tandis que les modèles 100 % UML offrent des gains de pérennité et facilitent la gestion de la complexité de la construction des applications orientées objet. Il est donc intéressant de ne pas les considérer comme des modèles indépendants, mais plutôt comme des modèles complémentaires.

# Niveaux conceptuel et physique

Nous venons de voir que les modèles 100 % UML et les modèles UML pour Java étaient complémentaires. En fait, les modèles 100 % UML sont des abstractions des modèles UML pour Java, car ils masquent toutes les informations relatives à la plate-forme Java. Nous pourrions dire en outre que les modèles UML pour Java précisent les modèles 100 % UML en expliquant comment utiliser la plate-forme Java pour mettre en œuvre la conception exprimée dans le modèle 100 % UML.

## *Abstraction de la plate-forme*

Comme les modèles 100 % UML sont des abstractions des modèles UML pour Java, il est possible de définir une opération permettant de construire un modèle 100 % UML à partir d'un modèle UML pour Java. Il suffit pour cela de supprimer toutes les informations relatives à la plate-forme Java.

Les règles à appliquer pour construire un modèle 100 % UML à partir d'un modèle UML pour Java sont les suivantes :

1. Supprimer toutes les associations entre les classes qui n'appartiennent pas à l'API Java et les classes qui appartiennent à l'API Java.

2. Supprimer toutes les classes de l'API Java.

3. Si une propriété d'une classe qui n'appartient pas à l'API Java a un type Java, remplacer ce type par un type UML correspondant (il peut être nécessaire de définir la classe représentant ce type s'il ne s'agit pas d'un type UML de base).

4. Si une opération d'une classe qui n'appartient pas à l'API Java a un paramètre qui a un type Java, remplacer ce type par un type UML correspondant (même remarque que pour les types des propriétés).

5. Dans les interactions, supprimer les objets instances des classes de l'API Java.

Ces règles draconiennes permettent d'obtenir un modèle 100 % UML à partir d'un modèle UML pour Java. Cependant, il est important de noter que le modèle 100 % UML obtenu n'est pas réellement exploitable, car il ne contient que des informations partielles et incomplètes. Il faut donc le compléter en ajoutant des associations entres les classes ou en complétant les interactions afin de bien spécifier les informations principales de l'application, aussi appelées informations métier.

Les informations relatives aux parties graphiques de l'application, qui sont obligatoirement dépendantes de la plate-forme d'exécution, sont, par exemple, entièrement retirées du modèle 100 % UML. Le modèle est dès lors indépendant des changements internes de la plate-forme Java et peut être réutilisé pour d'autres réalisations (vers la plate-forme .Net, par exemple).

À l'inverse, il est très délicat de construire automatiquement un modèle UML pour Java à partir d'un modèle 100 % UML. En effet, si le modèle 100 % UML utilise des constructions non supportées par la plate-forme Java, il faut traduire ces constructions afin de les représenter dans le modèle UML pour Java. Par exemple, si le modèle 100 % UML utilise l'héritage multiple, il faut transformer tout héritage multiple en un ensemble d'héritages simple, ce qui est possible mais reste une opération très délicate et très complexe.

De plus, construire automatiquement un modèle UML pour Java à partir d'un modèle 100 % UML ne peut se faire que si nous connaissons la signification des classes du modèle 100 % UML afin de bien identifier la partie de l'API Java à utiliser. Par exemple, si nous savons que le modèle 100 % UML définit une classe responsable de la sauvegarde sur disque, nous pouvons utiliser l'API Java dédiée aux entrées-sorties (**java.io.File**). Malheureusement, il n'est pas possible de préciser ce niveau de détail des classes en UML.

Pour toutes ces raisons, plutôt que de générer automatiquement des modèles UML pour Java à partir de modèles 100 % UML ou l'inverse, nous préconisons plutôt de spécifier la logique métier de l'application à l'aide d'un modèle 100 % UML et de spécifier la réalisation de cette logique métier sur une plate-forme d'exécution particulière (pour nous Java) à l'aide d'un modèle UML pour Java.

Définir la logique métier d'une application consiste, d'une part, à définir les informations principales manipulées par l'application (objets métier) et, d'autre part, à définir les fonctions principales de l'application (fonctions métier) en précisant leurs impacts en terme de modification sur les données.

L'objectif d'un modèle 100 % UML est donc de représenter la logique métier de l'application et non d'expliquer comment cela fonctionne dans Java. Tous les objets et fonctions d'un modèle 100 % UML ne se retrouvent donc pas obligatoirement tels quels dans le modèle UML pour Java correspondant.

## Niveaux d'abstraction

Nous venons de voir que les modèles 100 % UML et UML pour Java étaient complémentaires, que les uns étaient des abstractions des autres, et qu'il n'était pas envisageable de passer des uns aux autres à l'aide d'opérations automatiques.

De ce fait, il parait naturel de ne pas traiter ces modèles comme des modèles indépendants, mais plutôt comme des parties d'un même modèle situées à différents niveaux d'abstraction.

Nous considérons les deux niveaux d'abstraction suivants :

- **Niveau conceptuel.** Correspond au niveau 100 % UML. Ce niveau contient la logique métier de l'application, celle-ci étant spécifiée d'une façon indépendante de toute plate-forme d'exécution.

- **Niveau physique.** Correspond au niveau UML pour Java. Ce niveau contient la réalisation de la logique métier sur une plate-forme d'exécution particulière, les informations contenues à ce niveau étant dépendantes de la plate-forme d'exécution (Java dans notre cas).

Ces deux niveaux sont liés, car le niveau conceptuel est une abstraction du niveau physique. Plus précisément, tous les éléments du niveau conceptuel (classes, associations, interactions) doivent avoir au moins un élément correspondant dans le niveau physique. Par contre, tous les éléments du niveau physique ne sont pas forcément des concrétisations d'éléments du niveau conceptuel, certains ayant pu être ajoutés pour obtenir un modèle à partir duquel il est possible de produire du code Java.

Les liens entre ces niveaux ne sont pas obtenus par une opération de génération automatique. Ils doivent être précisés par le concepteur du modèle lors de la conception du modèle. Cette tâche peut être ardue. Elle n'en est pas moins indispensable, car ces liens garantissent la cohérence des informations situées aux deux niveaux d'abstraction.

## Cycle de développement UML

Notre cycle de développement avec UML intègre maintenant deux niveaux d'abstraction. Le niveau physique est en cohérence avec le code grâce aux opérations de génération de code et de Reverse Engineering. Le niveau conceptuel est en cohérence avec le niveau physique grâce aux relations d'abstraction spécifiées par le concepteur du modèle. Dans cette section nous expliquons comment intégrer ces deux niveaux conceptuels dans notre cycle de développement UML.

### Intégration des deux niveaux dans le cycle

Nous venons de voir que les modèles 100 % UML et les modèles UML pour Java étaient deux parties d'un même modèle, situées à deux niveaux d'abstraction différents.

Ces niveaux d'abstraction correspondent aux deux niveaux d'abstraction les plus bas de notre vision schématique du modèle UML d'une application. La figure 8.1 illustre ces deux niveaux.

Nous avons volontairement fait apparaître un lien de cohérence entre les parties structurelles des niveaux conceptuel et physique. Ce lien peut être spécifié en UML à l'aide d'une relation d'abstraction entre les classes situées dans ces deux niveaux.

Cette relation d'abstraction peut apparaître graphiquement sur un diagramme de classes à l'aide d'une flèche pointillée. Par contre, nous n'avons pas fait apparaître de lien de cohérence entre les parties comportementales des deux niveaux. Cela s'explique par le fait qu'UML ne propose pas de concept permettant de représenter graphiquement une relation d'abstraction entre deux interactions.

### Approches possibles

Soulignons que les objectifs des niveaux physique et conceptuel sont complémentaires. L'intérêt du niveau conceptuel par rapport au niveau physique est de pérenniser les informations les plus importantes du modèle (les informations métier). De plus, en faisant abstraction des spécificités des plates-formes d'exécution, la construction du niveau conceptuel permet de mieux appréhender la complexité de la construction des applica-

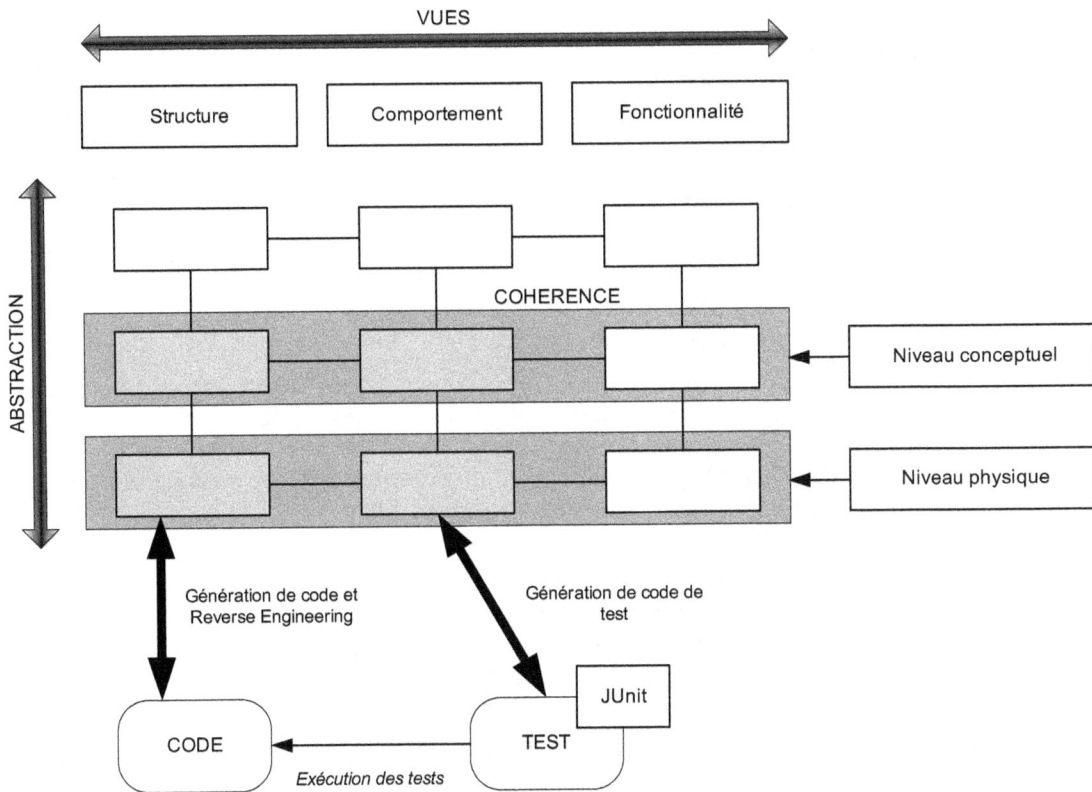

**Figure 8.1**

*Niveaux d'abstraction « physique » et « conceptuel » dans le modèle UML*

tions orientées objet. Contrairement au niveau physique, le niveau conceptuel n'offre donc pas de gain de productivité réellement quantifiable.

C'est pourquoi nous ne préconisons l'élaboration du niveau conceptuel que s'il y a un réel intérêt soit à pérenniser les informations métier (si un changement de plate-forme d'exécution est envisagé), soit à gérer la complexité de l'application en faisant abstraction des détails techniques.

Il est vrai que ces intérêts se retrouvent principalement dans le contexte de la construction d'applications relativement complexes, dont la taille dépasse dix mille lignes de code. Pour les autres applications, dont la taille est inférieure à dix mille lignes de code, l'intérêt de disposer d'un niveau abstrait disparaît devant la difficulté à mettre en œuvre les relations de cohérence avec le niveau physique.

Les deux approches envisageables pour suivre un cycle de développement avec UML sont donc soit de mettre en œuvre le niveau conceptuel, soit de s'en passer. Il serait contre-productif de vouloir mettre absolument en œuvre le niveau conceptuel si aucun bénéfice ne pouvait en être retiré.

# Synthèse

Nous avons vu dans ce chapitre que les modèles que nous avons présentés jusqu'ici étaient fortement dépendants de la plate-forme Java. Forts de ce constat, nous avons introduit la notion de modèle pour Java et de modèle 100 % UML.

Nous avons montré que les modèles pour Java et les modèles 100 % UML étaient complémentaires et qu'ils offraient des gains différents. Les modèles pour Java apportent des gains de productivité, tandis que les modèles 100 % UML apportent des gains de pérennité et de gestion de la complexité.

Nous avons ensuite précisé la relation d'abstraction qui existait entre ces deux niveaux. Les modèles 100 % UML sont des abstractions des modèles UML pour Java, car ils masquent les détails techniques de la plate-forme Java. Ainsi, les modèles 100 % UML spécifient la logique métier de l'application, alors que les modèles UML pour Java spécifient la façon dont est utilisée la plate-forme Java pour réaliser l'application.

Nous avons en outre expliqué pourquoi il était plus naturel de considérer ces deux types de modèles non pas comme des modèles indépendants, mais comme des parties différentes d'un même modèle, situées à différents niveaux d'abstraction. Nous avons alors précisé comment ces deux niveaux d'abstraction (conceptuel et physique) étaient intégrés à notre vision schématique des modèles UML d'applications.

Pour finir, nous avons introduit les deux façons envisageables de suivre un cycle de développement avec UML, en précisant qu'il n'était pas obligatoire de mettre en œuvre le niveau conceptuel; tout dépendant des bénéfices que nous souhaitions obtenir du modèle UML.

Travaux dirigés

# TD8. Plates-formes d'exécution

**Question 68.** *Le diagramme de l'agence de voyage représenté à la figure 8.2 correspond-il à un modèle conceptuel ou à un modèle physique ?*

**Question 69.** *Pensez-vous qu'il soit intéressant d'appliquer des patrons de conception sur les modèles conceptuels ?*

**Question 70.** *Le diagramme de séquence représenté à la figure 8.3 est-il conceptuel ou physique ? Vous noterez qu'il fait intervenir une opération qui n'apparaît pas dans le diagramme de classes initial. Quelle classe doit posséder cette opération ?*

**Figure 8.2**

*Diagramme
de l'agence
de voyage*

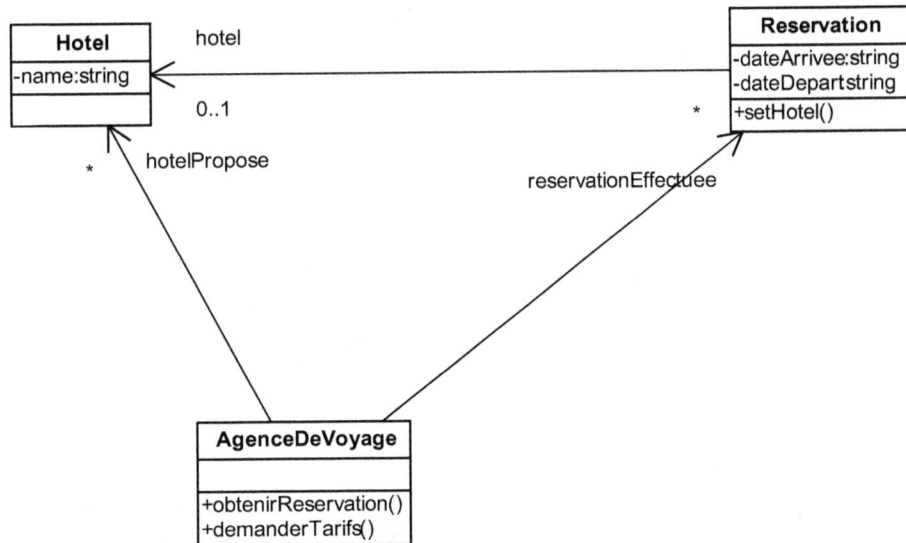

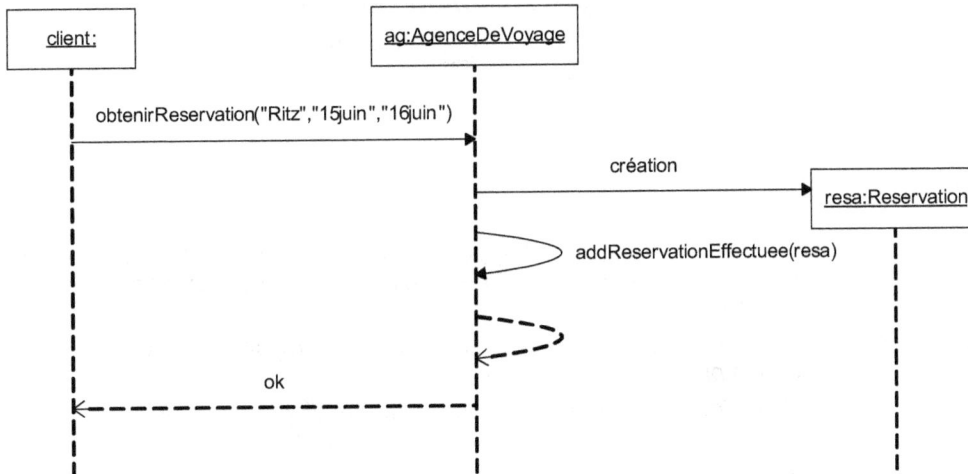

**Figure 8.3**

*Interaction représentant une réservation*

**Question 71.** *Serait-il possible de spécifier en « 100 % UML » le comportement de l'agence de voyage ?*

**Question 72.** *Serait-il possible de spécifier en « 100 % UML » des tests pour l'agence de voyage ? Justifiez l'intérêt de ces tests.*

**Question 73.** *Le diagramme représenté à la figure 8.4 est une concrétisation du diagramme conceptuel de l'agence de voyage. Exprimez les relations d'abstraction entre les éléments des deux diagrammes.*

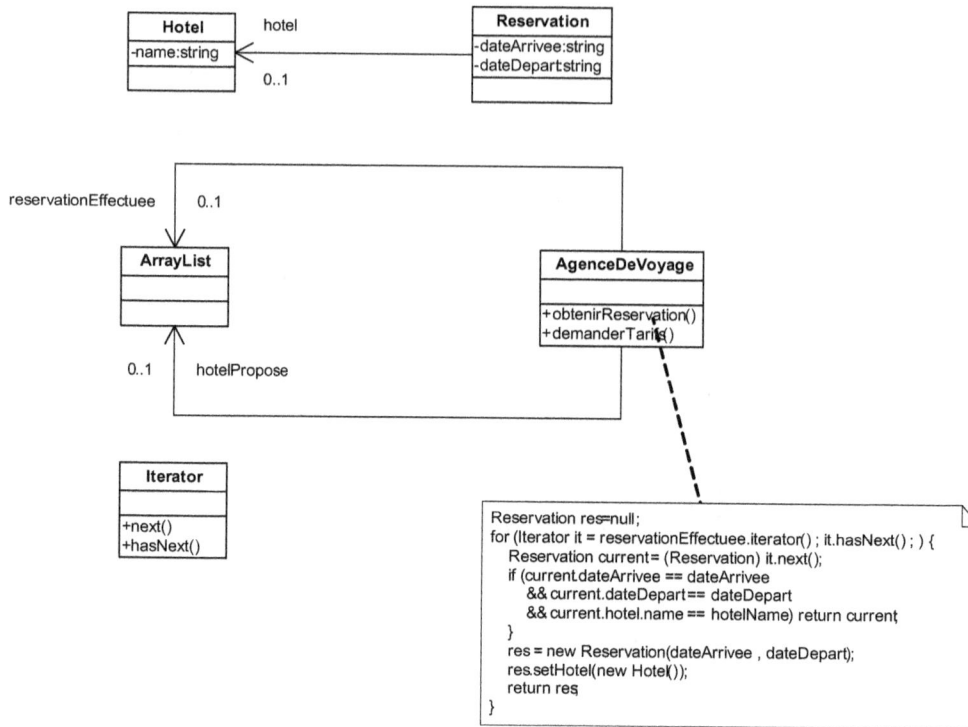

**Figure 8.4**

*Classes du niveau physique de l'agence de voyage*

**Question 74.** *Quel est l'intérêt d'avoir fait apparaître les classes `ArrayList` et `Iterator` dans le modèle concret (considérez en particulier la génération de code et le Reverse Engineering) ?*

**Question 75.** *Construisez le diagramme de séquence concrétisant le diagramme de séquence présenté à la question 69.*

**Question 76.** *Exprimez les relations d'abstraction entre les diagrammes de séquence.*

Ce TD aura atteint son objectif pédagogique si et seulement si :

- Vous savez différencier des modèles conceptuels et des modèles physiques.
- Vous savez établir des relations d'abstraction entre modèles de niveau différent.
- Vous avez conscience que plus le modèle physique est proche de la plate-forme d'exécution, plus il est loin du modèle conceptuel (et inversement).

# 9

# Diagrammes
# de cas d'utilisation

## Objectifs

■ Présenter les concepts UML relatifs à la vue fonctionnelle (diagramme de cas d'utilisation)

■ Présenter la notation graphique du diagramme de cas d'utilisation

■ Expliquer la sémantique des cas d'utilisation UML en précisant le lien avec les interactions UML

## Vue fonctionnelle du modèle UML

La partie fonctionnelle du modèle UML d'une application permet de spécifier les fonctionnalités offertes par l'application sans pour autant spécifier la façon dont ces fonctionnalités sont réalisées par les objets de l'application.

### Fonctionnalités d'une application orientée objet

Le principe fondateur du paradigme objet est de réunir en une seule et même entité, l'objet, des données et des traitements. À l'époque de la création de ce paradigme, ce principe était considéré comme révolutionnaire, car il allait à rebours des paradigmes existants (fonctionnel et données), qui visaient à séparer les données et les traitements dans des entités différentes.

L'avantage le plus important qu'apporte ce principe fondateur est de permettre l'identification, la décomposition et la réutilisation d'entités capables de réaliser des traitements uniquement grâce aux données qu'elles possèdent. Avec le paradigme objet, il est possible de considérer une application comme un ensemble d'objets indépendants mais cohérents, chacun réalisant la tâche pour laquelle il a été conçu. Ainsi, si une tâche réalisée par un objet est nécessaire dans une autre application, il est possible de réutiliser l'objet.

L'inconvénient de ce principe fondateur est qu'il masque les fonctionnalités offertes par des groupes d'objets. En effet, leur spécification n'est pas explicite et est répartie dans les traitements et dans les interactions réalisés par chacun des objets participant au groupe. De ce fait, il est très difficile de spécifier les besoins fonctionnels que nous avons sur une application à l'aide d'objets. Ces besoins fonctionnels, qui s'expriment naturellement à l'aide de fonctions, ne peuvent donc être exprimés simplement sous forme de groupes d'objets.

Par exemple, si nous voulions spécifier à l'aide d'objets les besoins fonctionnels d'une application de gestion de prêts bancaires tels que la création d'un prêt ou le calcul d'un taux d'intérêt, il faudrait spécifier l'ensemble des objets participant à la réalisation de l'application et spécifier chacun des traitements associés à ces objets. Si cela reste faisable, ce n'est guère naturel pour nous développeurs, plutôt habitués à utiliser le découpage fonctionnel.

Pour résoudre ce problème et réconcilier le paradigme objet avec la possibilité d'exprimer les besoins d'une application sous forme de fonctions, UML définit le concept de cas d'utilisation.

## Concepts élémentaires

Cette section présente les concepts élémentaires de la vue fonctionnelle d'un modèle UML. Dans notre contexte, ces concepts sont suffisants pour exprimer les fonctionnalités d'une application.

### Cas d'utilisation

*Sémantique*

Un cas d'utilisation spécifie une fonction offerte par l'application à son environnement. Un cas d'utilisation est spécifié uniquement par un intitulé.

Nous recommandons que l'intitulé du cas d'utilisation respecte le pattern « verbe + compléments ». Le verbe de l'intitulé permet de spécifier la nature de la fonctionnalité offerte par l'application, tandis que les compléments permettent de spécifier les données d'entrée ou de sortie de la fonctionnalité.

Par exemple, le cas d'utilisation « calculer taux d'intérêt du prêt » permet de comprendre d'une certaine manière que l'application permet à ses utilisateurs de calculer le taux d'intérêt d'un prêt.

Le concept de cas d'utilisation offre une vue fonctionnelle sur l'application. La façon dont sera réalisé concrètement un cas d'utilisation n'apparaît pas dans la définition du cas d'utilisation. Elle sera précisée par la suite, lors de l'établissement des liens de cohérence avec les autres parties du modèle.

*Graphique*

Un cas d'utilisation se représente par une ellipse contenant l'intitulé du cas d'utilisation.

La figure 9.1 représente le cas d'utilisation que nous avons introduit à la section précédente.

**Figure 9.1**

*Représentation graphique d'un cas d'utilisation*

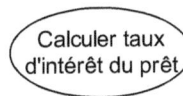

Calculer taux d'intérêt du prêt

## Acteur

*Sémantique*

Un acteur représente une entité appartenant à l'environnement de l'application qui interagit avec l'application.

Le concept d'acteur permet de classifier les entités externes à l'application. Un acteur est identifié par un nom.

*Graphique*

Un acteur se représente par un petit bonhomme et un nom (nom du rôle).

La figure 9.2 représente l'acteur `Client`.

**Figure 9.2**

*Représentation graphique d'un acteur*

Client

## Système

*Sémantique*

Un système représente une application dans le modèle UML. Il est identifié par un nom et regroupe un ensemble de cas d'utilisation qui correspondent aux fonctionnalités offertes par l'application à son environnement.

L'environnement est spécifié sous forme d'acteurs liés aux cas d'utilisation.

*Graphique*

Un système se représente par un rectangle contenant le nom du système et les cas d'utilisation de l'application.

Les acteurs, extérieurs au système, sont représentés et reliés aux cas d'utilisation qui les concernent. L'ensemble correspond à un diagramme de cas d'utilisation.

La figure 9.3 représente le diagramme de cas d'utilisation d'une application de gestion de prêts bancaires avec son unique cas d'utilisation offert à l'acteur qui représente le client.

**Figure 9.3**

*Diagramme de cas d'utilisation*

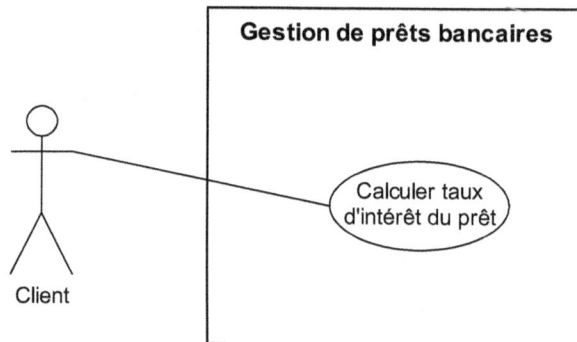

## Liens avec les autres parties du modèle

Nous venons de voir que la partie fonctionnelle du modèle UML permettait de spécifier les fonctionnalités d'une application mais aussi de préciser à quelles entités externes ces fonctionnalités sont offertes.

Il est possible d'élaborer plusieurs diagrammes de cas d'utilisation à chaque niveau d'abstraction permettant de regrouper les fonctionnalités de l'application en différents sous-systèmes. Cependant, nous considérons dans ce cours qu'il suffit d'élaborer un unique diagramme de cas d'utilisation par niveau d'abstraction. Ce diagramme représente les fonctionnalités principales de l'application à un niveau d'abstraction donné et les principaux bénéficiaires de ces fonctionnalités. Il correspond en quelque sorte à l'emballage commercial des applications vendues en grande surface, sur lequel sont écrites les fonctionnalités offertes par l'application à ses utilisateurs.

Nous savons que les fonctionnalités d'une application orientée objet sont réalisées par les objets qui composent l'application. Ces objets sont spécifiés à l'aide des classes présentes dans la partie structurelle du modèle de l'application, alors que les fonctionnalités sont spécifiées dans la partie fonctionnelle du modèle. Il est donc nécessaire de faire apparaître un lien de cohérence entre les parties structurelle et fonctionnelle du modèle UML afin de savoir quels sont les objets réalisant telle ou telle fonctionnalité.

Pour établir ce lien entre les parties structurelle et fonctionnelle du modèle UML, nous préconisons d'utiliser les interactions présentes dans la partie comportementale du modèle de l'application. L'idée sous-jacente est de faire correspondre à chaque cas d'utilisation une ou plusieurs interactions spécifiant un exemple de réalisation de la fonctionnalité. Ainsi, les cas d'utilisation sont en cohérence avec les interactions, lesquelles sont en cohérence avec les classes, puisque les objets qui apparaissent dans les interactions sont typés par des classes spécifiées dans la partie structurelle du modèle.

Plus précisément, nous préconisons de réaliser pour chaque cas d'utilisation :

- au moins une interaction spécifiant l'exécution normale de l'application ;
- une interaction spécifiant les exécutions soulevant des erreurs de l'application.

La figure 9.4 illustre les relations de cohérence entre les parties fonctionnelle, comportementale et structurelle du modèle d'une application. Nous constatons que les cas d'utilisation du diagramme de cas d'utilisation sont reliés à des diagrammes de séquence et que les objets de ces diagrammes de séquence sont reliés à des classes.

Par rapport à notre vision schématique du modèle UML d'une application, ces liens entre les vues fonctionnelle, comportementale et structurelle existent à chacun des niveaux d'abstraction du modèle. Nous verrons au chapitre 10 de ce cours comment mettre en œuvre les relations de cohérence entre les différents niveaux d'abstraction.

Dans chacune de ces interactions, nous préconisons de faire apparaître les objets correspondant aux acteurs qui utilisent la fonctionnalité. Il est d'ailleurs possible de faire en sorte que le type d'un objet participant à une interaction soit un acteur (et non une classe).

Afin d'améliorer la visibilité des diagrammes de séquence représentant ces interactions, nous préconisons de faire apparaître les objets représentant des acteurs à gauche du diagramme. De plus, nous préconisons de réutiliser, autant que possible, les mêmes objets dans toutes les interactions spécifiées. Cela donne une meilleure visibilité au modèle en ne multipliant pas inutilement le nombre des objets.

Notons qu'il est possible d'exploiter ces interactions afin de définir des interactions de test *(voir le chapitre 7)*, ce que nous ne ferons pas dans le cadre de ce cours.

# Concepts avancés

Les concepts avancés que nous présentons dans cette section permettent de spécifier plus finement les fonctionnalités et l'environnement d'une application. Ces concepts sont toutefois si délicats à employer que nous déconseillons fortement leur utilisation. Nous ne les présentons qu'afin de compléter notre présentation du diagramme de cas d'utilisation.

Soulignons en outre que ces concepts n'ont quasiment pas évolué entre les versions UML 1.4 et UML 2.1.

## Concepts avancés relatifs aux cas d'utilisation

Cette section présente les concepts avancés applicables aux cas d'utilisation. Ces concepts sont essentiellement des relations entre cas.

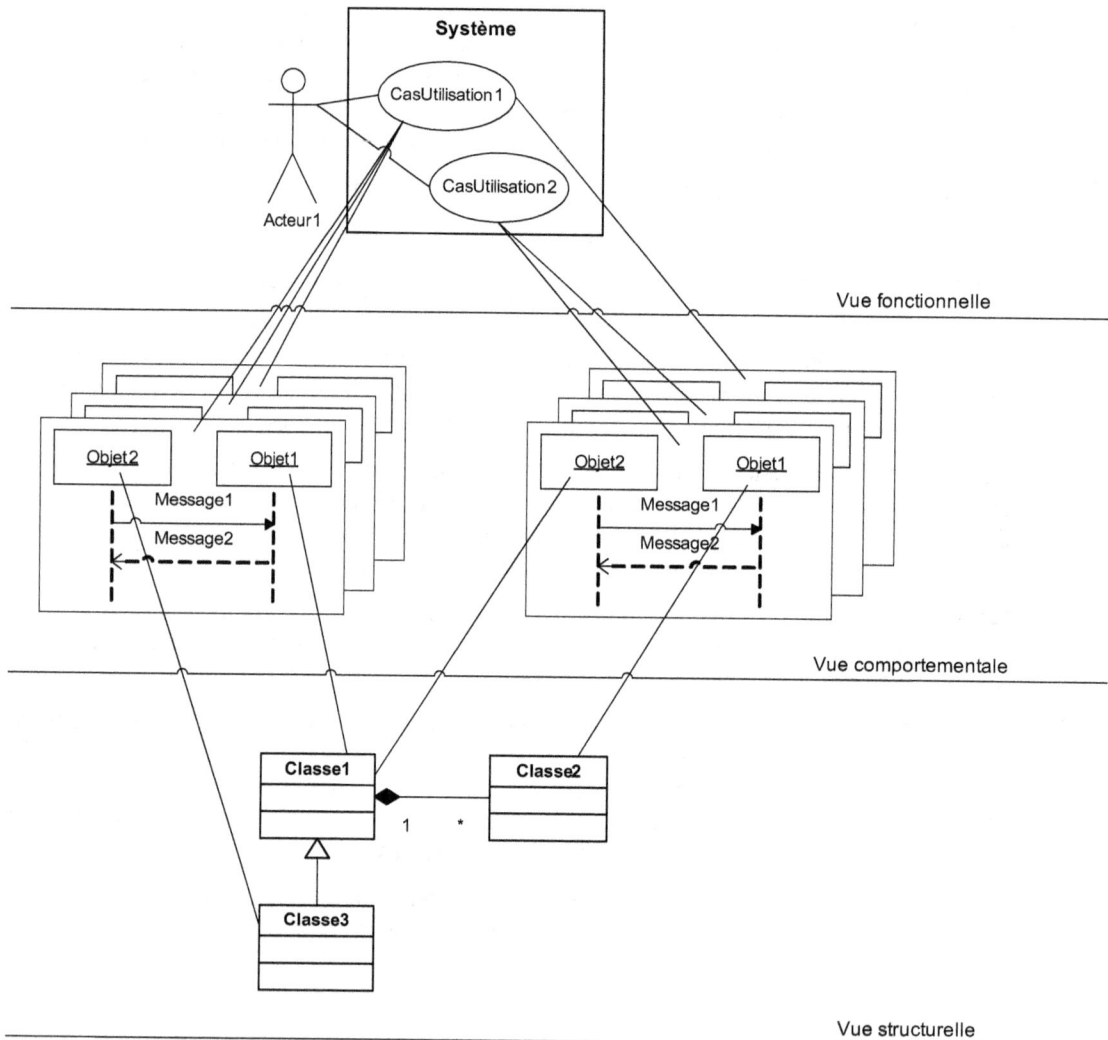

**Figure 9.4**

*Liens de cohérence entre les vues d'un modèle*

**include**

*Sémantique*

Il est possible de spécifier qu'un cas d'utilisation inclut un autre cas d'utilisation.

Étant donné que les cas d'utilisation correspondent à des fonctions, la relation d'inclusion entre deux cas d'utilisation peut être comparée à une relation d'inclusion de fonctions. En d'autres termes, si un cas d'utilisation C2 hérite d'un cas d'utilisation C1, l'exécution de C1 fait appel à C2.

La relation d'inclusion entre cas d'utilisation doit cependant être employée avec parcimonie. L'idéal est de n'y recourir que lorsqu'un cas d'utilisation est inclus dans au moins trois ou quatre autres cas, car cela permet de factoriser le cas inclus.

Soulignons le fait que la relation d'inclusion ne doit pas être utilisée pour exprimer une décomposition fonctionnelle entre plusieurs cas. En effet, la relation d'inclusion ne permet pas de préciser une quelconque relation d'ordre ou de priorité d'appel entre les cas inclus.

*Graphique*

La relation d'inclusion entre cas d'utilisation se représente graphiquement à l'aide d'une flèche pointillée sur laquelle nous faisons apparaître la chaîne de caractères « include ». La flèche va du cas qui inclut vers le cas inclus.

La figure 9.5 représente une relation d'inclusion entre deux cas d'utilisation.

**Figure 9.5**

*Relation d'inclusion entre cas d'utilisation*

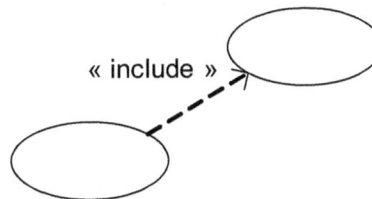

« include »

### extend

*Sémantique*

Il est possible de spécifier qu'un cas d'utilisation étend un autre cas d'utilisation.

Cela signifie en quelque sorte qu'un comportement qui n'était pas spécifié est ajouté au cas étendu. La relation d'extension est souvent utilisée pour préciser des fonctionnalités optionnelles qui sont ajoutées aux fonctionnalités de base.

*Graphique*

La relation d'extension entre cas d'utilisation se représente graphiquement à l'aide d'une flèche pointillée sur laquelle nous faisons apparaître la chaîne de caractères « extend ». La flèche va du cas qui étend vers le cas étendu.

La figure 9.6 représente une relation d'extension entre deux cas d'utilisation.

**Figure 9.6**

*Relation d'extension entre cas d'utilisation*

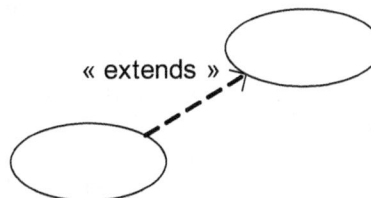

« extends »

### Héritage

*Sémantique*

Il est possible de spécifier une relation d'héritage entre cas d'utilisation.

Si un cas d'utilisation C1 hérite d'un cas d'utilisation C2, C2 peut être substitué à C1 pour un acteur qui souhaite bénéficier de C1. Cette sémantique reste toutefois ambiguë, car les conditions de substitution ne sont pas spécifiées. C'est pourquoi nous déconseillons vivement l'utilisation de cette relation.

*Graphique*

Comme l'héritage entre classes, la relation d'héritage entre cas d'utilisation se représente graphiquement par une flèche allant du cas d'utilisation qui hérite vers le cas d'utilisation hérité.

La figure 9.7 représente une relation d'héritage entre deux cas d'utilisation.

**Figure 9.7**

*Relation d'héritage entre cas d'utilisation*

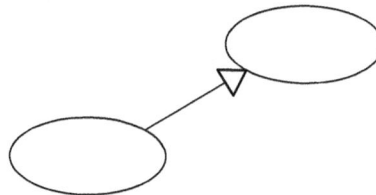

## Concept avancé relatif aux acteurs

Cette section présente un concept avancé applicable aux acteurs. Nous choisissons ici de ne présenter que la relation d'héritage, car cette relation est employée dans certains diagrammes.

### Héritage

*Sémantique*

Il est possible d'exprimer une relation d'héritage entre deux acteurs.

La signification de cette relation d'héritage est sensiblement la même que celle de la relation d'héritage entre classes *(voir le chapitre 2)*. Si un acteur A1 hérite d'un acteur A2, cela signifie que toutes les entités externes correspondant à A1 correspondent aussi à A2.

Il est important de souligner que cette relation est ensembliste (tous les A1 sont des A2). De ce fait, elle ne doit pas être employée si nous voulons exprimer qu'une entité externe peut correspondre à deux acteurs différents. Par exemple, si les acteurs « Client » et « Caissier » ont été définis et que nous voulions exprimer qu'un caissier peut être un client, il ne faut surtout pas utiliser la relation d'héritage.

*Graphique*

Comme la relation d'héritage entre classes, la relation d'héritage entre acteurs se représente par une flèche allant de l'acteur qui hérite vers l'acteur hérité.

La figure 9.8 représente une relation d'héritage entre l'acteur `ClientPrivilégié` et l'acteur `Client`.

**Figure 9.8**

*Relation d'héritage entre acteurs*

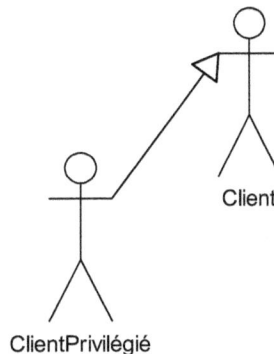

Client

ClientPrivilégié

# Synthèse

Nous avons détaillé dans ce chapitre la partie fonctionnelle d'un modèle UML. Cette partie permet de représenter les différentes fonctionnalités offertes par l'application à son environnement. Il s'agit de la dernière des trois parties du modèle UML que nous voulions introduire dans ce cours.

Il est important de rappeler que si UML propose d'autres parties, nous avons choisi de ne pas les présenter afin de nous concentrer sur les parties indispensables à la mise en œuvre d'un cycle de développement avec UML tel que nous le concevons.

Nous avons ensuite présenté les liens de cohérence qui existent entre les parties fonctionnelle, comportementale et structurelle. Ces liens de cohérence ajoutés aux opérations de synchronisation avec le code permettent d'obtenir à la fois les gains des opérations de modélisation à tous les niveaux d'abstraction et les gains des opérations réalisables sur le code. C'est ce que nous cherchions à obtenir dès le début de ce cours.

Pour finir, nous avons introduit les concepts avancés de la partie fonctionnelle d'un modèle UML, en insistant bien sur le fait que ces concepts étant très délicats à employer, il ne fallait y recourir qu'en cas de réelle nécessité.

Le prochain et dernier chapitre de ce cours s'intéresse à un moyen méthodologique permettant de comprendre un peu mieux comment mettre en place un cycle de développement UML.

Travaux dirigés

# TD9. Diagrammes de cas d'utilisation

Le diagramme de cas d'utilisation de la figure 9.9 représente les fonctionnalités d'une agence de voyage classique.

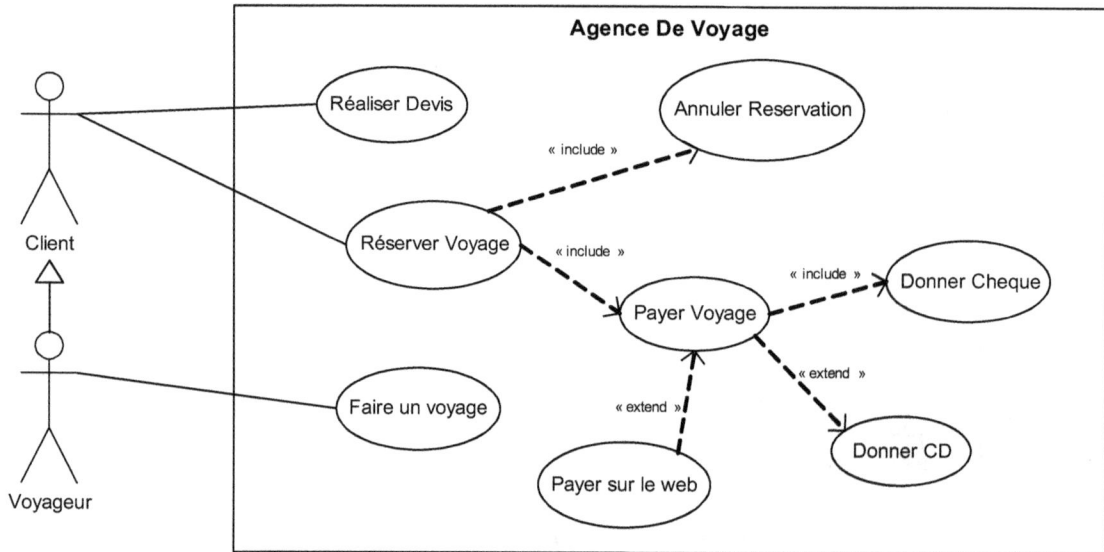

**Figure 9.9**

*Diagramme de cas d'utilisation de l'agence de voyage*

**Question 77.** *Commentez les acteurs du diagramme de cas d'utilisation.*

**Question 78.** *Commentez les cas d'utilisation du diagramme de cas d'utilisation.*

*Nous souhaitons réaliser le diagramme de cas d'utilisation du championnat d'échecs présenté au TD6.*

**Question 79.** *Donnez la liste des acteurs du système.*

**Question 80.** *Donnez la liste des cas d'utilisation du système en les liant aux acteurs.*

**Question 81.** *Donnez le diagramme de cas d'utilisation du système.*

**Question 82.** *Reprenez les diagrammes de séquence réalisés au TD6 pour l'application de championnat d'échecs, et expliquez comment les relier au diagramme de cas d'utilisation obtenu à la question précédente.*

Ce TD aura atteint son objectif pédagogique si et seulement si :

- Vous arrivez à différencier les fonctionnalités de base d'une application et son organisation fonctionnelle (différence entre les niveaux besoin et conceptuel).

- Vous savez établir un diagramme de cas d'utilisation d'une application à partir de la description textuelle de cette dernière.
- Vous savez faire le lien entre un diagramme de cas d'utilisation et les diagrammes de séquence d'une application au niveau besoin.

# 10

# Développement avec UML

## Objectifs

■ Présenter les principes d'un support méthodologique

■ Proposer une méthodologie simple de support au développement avec UML

■ Illustrer l'intérêt d'UML pour le développement

## Analyse et conception

Nous avons déjà indiqué au chapitre 1 que la finalité de l'activité de développement était de fournir une solution informatique à un problème posé par un utilisateur, aussi appelé client. Nous avons précisé que le code n'était que la matérialisation de la solution, tandis que le modèle contenait toutes les informations facilitant d'une manière ou d'une autre la construction de la solution.

Après cette introduction aux vues essentielles d'un modèle UML (structurelle, comporte-mentale et fonctionnelle) d'une application, il nous reste à présenter la façon dont nous devons utiliser chacune de ces parties afin de réaliser notre objectif : la réalisation de la solution à partir du problème.

Pour atteindre cet objectif, l'ingénierie logicielle a identifié depuis plusieurs années deux phases principales à réaliser : l'analyse du problème et la conception de la solution.

### Analyse du problème

La phase d'analyse sert à modéliser la *compréhension du problème* posé par le client. Cette phase sert aussi à bien définir les contours de l'application.

Grâce à la phase d'analyse, nous savons ce qui doit être intégré dans la solution, mais aussi ce qui ne doit pas l'être, puisque la solution ne doit prendre en compte que ce qui a été identifié lors de l'analyse. Idéalement, une analyse doit être réalisée par l'équipe de développement et validée par le client, lequel certifie ainsi que l'équipe de développement a bien compris son problème.

Dans ce cours, nous considérons que le problème du client est spécifié dans un cahier des charges. Le cahier des charges est un document textuel fourni par le client, mais qui n'est pas intégré dans le modèle d'une application. Dans notre contexte, la phase d'analyse consiste à modéliser tous les besoins présents dans le cahier des charges.

Une analyse est complète lorsque l'intégralité du problème est modélisée de manière non ambiguë.

Pour modéliser un cahier des charges avec UML, nous considérons que seules deux parties du modèle UML sont intéressantes, les parties fonctionnelle et structurelle :

- La partie fonctionnelle permet de spécifier les fonctionnalités réalisées par l'application (cas d'utilisation) ainsi que les contours de l'application (acteurs).

- La partie structurelle permet de spécifier sous forme d'objets les données que doit manipuler l'application.

Ces deux parties du modèle UML sont suffisantes pour modéliser les besoins du client exprimés dans le cahier des charges. Cependant, afin de bien préciser les liens de cohérence entre ces deux parties, nous utilisons aussi la partie comportementale, comme nous l'avons montré au chapitre précédent. Cette partie permet en effet de lier les cas d'utilisation aux interactions; elles-mêmes liées aux classes.

Dans le cadre de notre vision schématique du modèle UML d'une application, nous considérons que la phase d'analyse correspond à un niveau d'abstraction que nous appelons le niveau besoin.

### Conception de la solution

La phase de conception consiste à modéliser une solution qui résout le problème modélisé dans la phase d'analyse.

Contrairement à ce que nous pourrions croire, fournir une solution informatique n'est pas ce qu'il y a de plus difficile : c'est juste un problème algorithmique. Par contre, il est bien plus compliqué de fournir la meilleure solution au problème, car, à un problème donné, correspondent bien souvent plusieurs solutions.

Prenons l'exemple du tri. Il existe plusieurs façons de trier des éléments (tri itératif, tri à bulles, tri rapide, etc.). Toutes ces solutions résolvent le problème du tri d'un point de vue algorithmique, mais elles ne sont pas toutes équivalentes, et nous savons très bien que certaines sont meilleures que d'autres.

Pour différencier les solutions, deux critères sont bien connus : la complexité en espace et la complexité en temps. Ces critères permettent d'établir un classement des solutions en fonction de la place mémoire qu'elles occupent et du temps qu'elles mettent à réaliser le traitement.

D'autres critères, plus adaptés au monde industriel et au paradigme objet, permettent d'effectuer d'autres classements des solutions. Citons notamment la maintenabilité, la portabilité, la robustesse, la rapidité de développement, le coût de développement, etc. Cette liste non exhaustive de critères montre que la construction d'une solution optimale est loin d'être triviale.

Pour être pragmatique, mais aussi pour simplifier la difficulté de la phase de conception, nous considérons dans le cadre de ce cours qu'une conception optimale est une conception qui maximise l'indépendance à l'égard des plates-formes techniques et minimise les dépendances entre les différents objets de l'application.

À ces deux objectifs, nous faisons naturellement correspondre les deux niveaux d'abstraction que nous avons introduits au chapitre 8. En effet, nous avons vu que le niveau conceptuel permettait de définir une conception indépendante des plates-formes d'exécution. Nous avons vu en outre au chapitre 4 qu'il était possible de minimiser les relations de dépendance entre les packages du niveau physique.

## Comment passer du quoi au comment ?

De manière intrinsèque, l'analyse et la conception sont fondamentalement différentes, la première correspondant à la modélisation du problème, et la seconde à la modélisation de la solution. Il existe entre ces deux niveaux une relation de résolution, puisque la conception résout l'analyse.

Il est important de souligner qu'il ne s'agit pas là d'une relation d'abstraction telle qu'elle existe entre les niveaux d'abstraction conceptuel et physique. La solution (définie par la conception) n'est pas la concrétisation d'un problème (défini par l'analyse) sur une plate-forme particulière. Il existe une réelle différence entre le problème et la solution. C'est d'ailleurs là où le travail du développeur prend tout son sens : fournir la meilleure solution susceptible de réponde au problème.

Pour autant, le fait que l'analyse et la conception tirent parti du paradigme objet et que la solution soit, par définition, « la solution du problème » rendent quelque peut confuse cette différence pourtant fondamentale. En effet, le modèle d'analyse contient des classes, lesquelles définissent la structure et le comportement des objets du problème. Or, il n'est pas rare de trouver dans la solution des classes aux structures et aux comportements relativement voisins.

Prenons l'exemple d'une application de gestion de prêts bancaires. Le modèle d'analyse définit la classe Prêt. Cette classe définit la structure et le comportement des prêts tels que perçus dans le problème. Cette classe permet, par exemple, de renseigner le montant du prêt ainsi que son taux. Or, il est à parier que la solution exploite elle aussi la classe `Prêt` et que cette classe ressemble « fortement » à la classe appartenant au problème. Pour autant, cette relation étroite établie entre les classes d'analyse et les classes de conception ne doit pas faire oublier que ces deux phases ont des objectifs fondamentalement différents.

Afin de faciliter le passage de la phase d'analyse à la phase de conception, nous préconisons d'identifier au niveau conceptuel les *gros composants* de l'application.

Un gros composant, représenté à l'aide d'un package, est une entité relativement autonome, responsable d'une partie des traitements nécessaires au bon déroulement de l'application. À titre d'exemple, nous pouvons mentionner, pour l'application de gestion de prêts bancaires, un composant responsable des traitements graphiques de l'application (affichage des résultats, présentation des formulaires de saisie, etc.), un composant responsable de la sauvegarde des prêts sur disque dur (sauvegarde sur fichier, chargement à partir d'un fichier, etc.) et un composant responsable du calcul des taux et de la validation de l'acceptation du prêt.

Chaque composant joue un rôle spécifique dans l'application, et l'ensemble des composants est responsable de toutes les fonctionnalités de l'application (exprimées dans la phase d'analyse). La découpe en composants d'une application est une opération délicate, qui reste à la charge du développeur. C'est là que réside la relation de « résolution » entre le niveau analyse et le niveau conception.

Dans le modèle UML de l'application, les composants sont spécifiés au niveau conceptuel. Chaque composant est spécifié par une partie fonctionnelle, qui représente les fonctionnalités du composant offertes à son environnement, une partie comportementale, qui représente des exemples de réalisation des fonctionnalités du composant, et une partie structurelle, qui représente les classes du composant.

De plus, toujours au niveau conceptuel, mais de façon transverse à tous les composants, la partie structurelle du modèle spécifie les relations de dépendance entre les composants. Celles-ci sont exprimées sous forme de dépendance entre les packages représentant les composants.

UML ne proposant aucun concept pour spécifier une relation de « résolution » entre les niveaux besoin et conceptuel, nous préconisons d'utiliser des notes de commentaires intégrées dans le niveau conceptuel.

Chaque note de commentaires, attachée à un élément de n'importe quel type (classe, association, objet, message, cas d'utilisation, acteur, etc.), doit identifier les éléments du niveau besoin spécifiant le problème en partie résolu.

Nous préconisons de préciser les relations de « résolution » pour chaque composant du niveau conceptuel.

Plus précisément, nous préconisons, d'une part, d'attacher aux cas d'utilisation de chaque composant une note ciblant les cas d'utilisation du niveau besoin que le composant résout et, d'autre part, d'attacher aux classes ou aux packages de chaque composant une note ciblant les classes du niveau besoin que le composant résout.

La figure 10.1 illustre ces relations de résolution entre le niveau besoin et le niveau conceptuel. La figure fait apparaître deux gros composants dans le niveau conceptuel. Chacun de ces gros composants est spécifié à l'aide d'un diagramme de cas d'utilisation, d'un ensemble de diagrammes de séquence et d'un diagramme de classes. Les relations de résolution sont schématisées à l'aide de flèches entre les niveaux besoin et conceptuel.

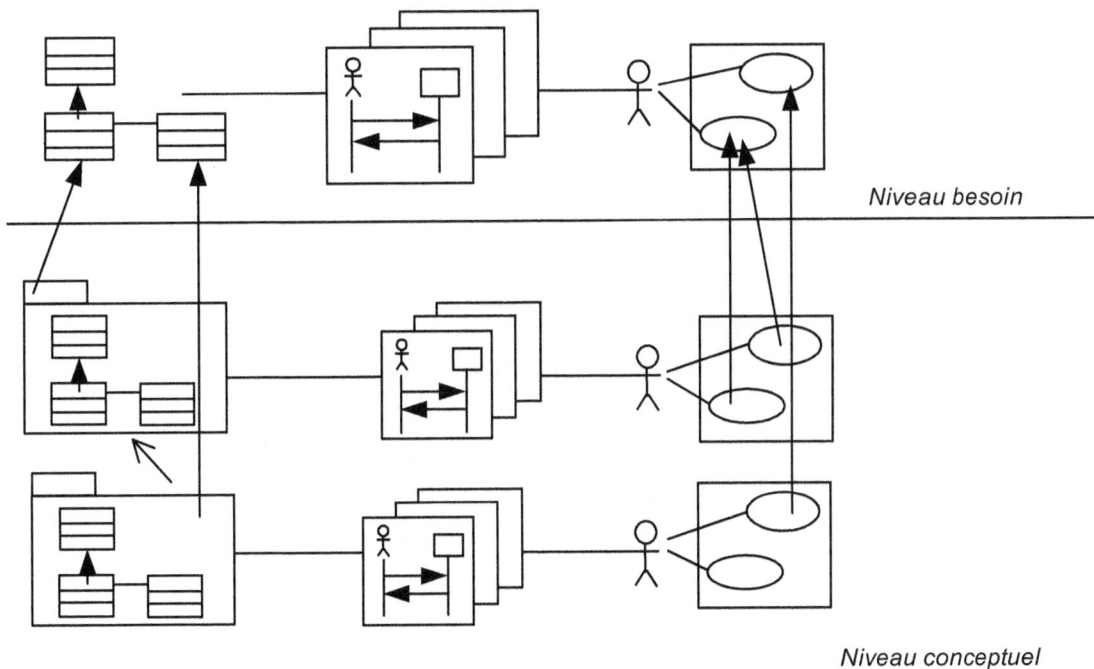

**Figure 10.1**

*Relation de résolution entre le niveau besoin et le niveau conceptuel*

En résumé, selon notre vision schématique du modèle UML d'une application, nous considérons que :

- L'analyse correspond à un niveau d'abstraction « besoin ».

- La conception correspond à deux niveaux d'abstraction : le niveau conceptuel et le niveau physique. Le niveau conceptuel spécifie les différents composants de l'application. Le niveau physique spécifie la façon dont ces composants sont réalisés sur la plate-forme technique (Java dans notre cas).

- Il existe des relations de résolution entre le niveau besoin et le niveau conceptuel. Ces relations sont exprimées à l'aide de commentaires dans le niveau conceptuel.

- Il existe des relations d'abstraction entre le niveau conceptuel et le niveau physique. Ces relations sont exprimées à l'aide de la relation d'abstraction entre les classes *(voir le chapitre 8)*.

Grâce à ces relations entre toutes les parties du modèle UML et les phases d'analyse et de conception, nous pouvons compléter notre vision schématique d'un cycle de développement avec UML comme illustré à la figure 10.2.

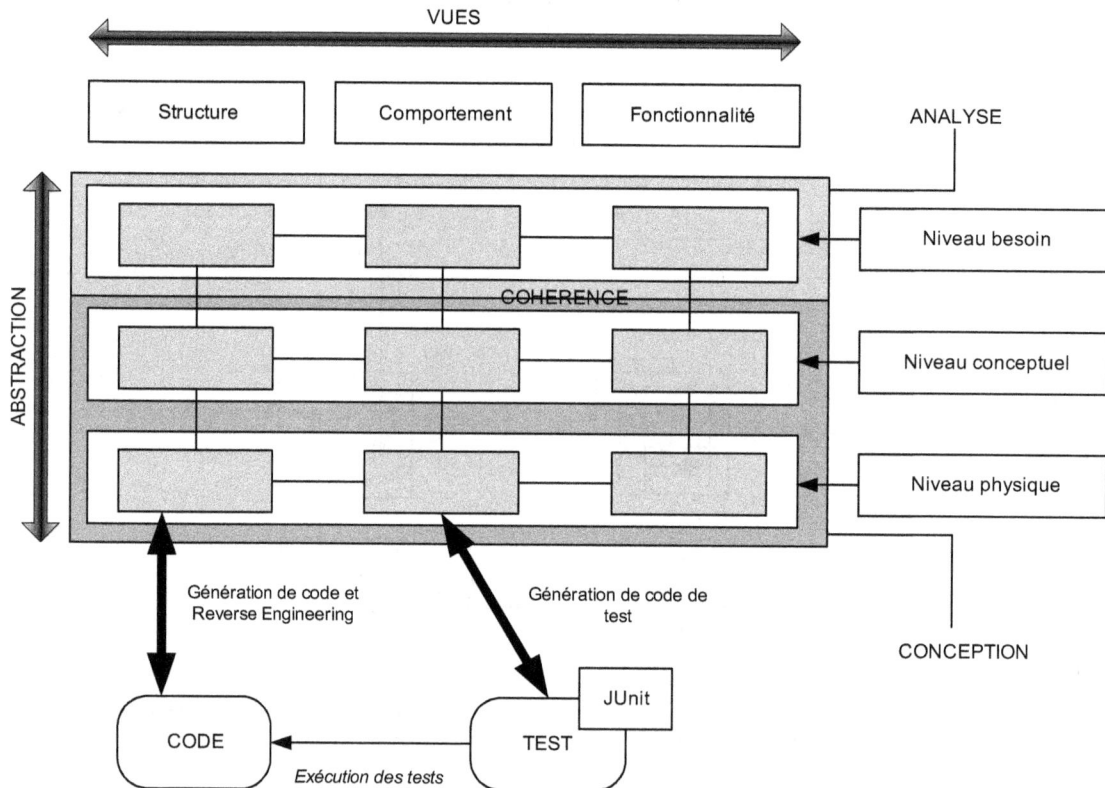

**Figure 10.2**

*Cycle de développement avec UML (version complète)*

## Méthode de développement

Comme expliqué au chapitre 1, une méthode de développement doit répondre aux questions suivantes :

- *Quand* réaliser une activité ?
- *Qui* doit réaliser une activité ?
- *Quoi* faire dans une activité ?
- *Comment* réaliser une activité ?

Maintenant que nous avons présenté toutes les parties du modèle UML d'une application, nous savons ce que propose UML pour répondre aux questions du *quoi* et du *comment*.

Nous pouvons dès lors proposer une réponse relativement minimaliste aux questions du *quand* et du *qui* et, ainsi, proposer une méthode de développement avec UML.

Notre objectif est de finir notre présentation d'UML en présentant les principes de base d'une méthode de développement. Notre méthode ne doit donc pas être considérée comme une réelle méthode, applicable en milieu industriel, mais plutôt comme une méthode pédagogique.

Pour répondre à la question du *qui,* nous considérons qu'il existe essentiellement deux personnes qui participent au développement d'une application. Le client est la personne qui a besoin de l'application, et le développeur la personne qui réalise l'application. Dans le cadre de ce cours, nous considérons que l'équipe de développement n'est composée que de développeurs. Ainsi, la rédaction du cahier des charges, qui spécifie tous les besoins, est à la charge du client, et toutes les activités de développement relatives à l'analyse et à la conception sont à la charge de l'équipe de développement.

Pour répondre à la question du *quand,* nous considérons qu'il suffit de proposer un ordre de réalisation de chacune des neuf parties du modèle UML. Nous faisons le choix de proposer un ordre partant du cahier des charges et finissant par la production de l'application finale. Ainsi, notre méthode, qui se borne à préconiser un parcours dans la réalisation des parties du modèle, est une méthode dite « top-down ». Cela signifie qu'elle n'est utilisable que pour la construction de nouvelles applications.

Les gains de notre méthode de développement avec UML sont, comme nous l'avons souligné tout au long de ce cours, de profiter des avantages des opérations réalisables sur les modèles (génération de documentation, génération de tests, identification et correction des dépendances), de profiter des avantages des opérations réalisables sur le code (rédaction du code, compilation et exécution), de permettre une conception indépendante des plates-formes d'exécution et minimisant les dépendances entre les composants.

## La méthode « UML pour le développeur »

Nous récapitulons dans cette section toutes les étapes de notre méthode de développement avec UML. Soulignons que les étapes 1 à 9 concernent l'élaboration des neuf parties du modèle UML.

### 0. Rédaction du cahier des charges :

*Objectif :* spécifier tous les besoins du client sur l'application.

*Quand :* cette étape doit être réalisée avant de commencer le développement. Elle n'appartient donc pas réellement à la méthode.

*Qui :* le client.

*Quoi :* un document textuel recensant tous les besoins. L'idéal serait de pouvoir identifier chacun des besoins (en leur donnant un numéro, par exemple).

*Comment :* nous ne préconisons aucune façon de rédiger un cahier des charges, cela sortant du contexte de ce cours.

**1. Analyse (niveau besoin) – cas d'utilisation :**

*Objectif :* modéliser les fonctionnalités de l'application et l'environnement de l'application de manière non ambiguë.

*Quand :* cette étape est la première de notre méthode.

*Qui :* l'équipe de développement.

*Quoi :* l'unique diagramme de cas d'utilisation du niveau d'abstraction « besoin ».

*Comment :* à l'aide d'une lecture soigneuse du cahier des charges, il faut, d'une part, identifier les fonctionnalités offertes par l'application afin de les modéliser sous forme de cas d'utilisation et, d'autre part, identifier les entités externes à l'application bénéficiant des fonctionnalités de l'application afin de les modéliser sous forme d'acteurs. Rappelons que nous déconseillons l'utilisation de relations d'inclusion, d'extension et d'héritage entre les cas d'utilisation ainsi que les relations d'héritage entre acteurs.

**2. Analyse (niveau besoin) – interaction :**

*Objectif :* modéliser les exemples de réalisation des fonctionnalités de l'application de manière non ambiguë.

*Quand :* cette étape doit être réalisée après l'étape 1. Il est possible de réaliser l'étape 3 en même temps que cette étape. Analyse classe et analyse interaction peuvent être faites ensemble.

*Qui :* l'équipe de développement.

*Quoi :* un diagramme de séquence, par exemple nominal de réalisation d'une fonctionnalité et un diagramme de séquence, par exemple de réalisation d'une fonctionnalité soulevant une erreur.

*Comment :* à l'aide d'une lecture soigneuse du cahier des charges, il faut modéliser des exemples de réalisation des fonctionnalités. Nous conseillons de réutiliser autant que possible de mêmes objets dans les différentes interactions. Afin d'établir un lien de cohérence entre les parties fonctionnelle, comportementale et structurelle, nous conseillons de typer tous les objets participant aux interactions, soit par des acteurs (partie fonctionnelle), soit par des classes (partie structurelle).

**3. Analyse (niveau besoin) – classes :**

*Objectif :* modéliser les classes représentant les données spécifiées dans le cahier des charges.

*Quand :* cette étape doit être réalisée après l'étape 1 et peut être faite en même temps que l'étape 2. Analyse classe et analyse interaction peuvent être faites ensemble.

*Qui :* l'équipe de développement.

*Quoi :* autant de diagrammes de classes que nécessaire afin de faciliter la lecture des classes ainsi que leurs relations.

*Comment :* à l'aide d'une lecture soigneuse du cahier des charges, il faut modéliser les données spécifiées par le cahier des charges. Nous conseillons de ne pas rendre les associations navigables, car les informations que nous pourrions en retirer (dépendances entre objets) ne sont pas du ressort de la phase d'analyse.

4. **Conception (niveau conceptuel) – cas d'utilisation :**

*Objectif :* modéliser les composants de la conception de l'application.

*Quand :* cette étape, la quatrième de notre méthode, est la première de conception. Elle doit être réalisée après toutes les étapes de la phase d'analyse.

*Qui :* l'équipe de développement.

*Quoi :* liste des composants et un diagramme de cas d'utilisation par composant.

*Comment :* à l'aide d'une lecture soigneuse de toutes les parties de la phase d'analyse, il faut identifier les différents composants de l'application puis élaborer le diagramme de cas d'utilisation de chacun des composants. Il faut ensuite spécifier les relations de résolution entre les diagrammes de cas d'utilisation des composants et le diagramme de cas d'utilisation de la phase d'analyse.

5. **Conception (niveau conceptuel) – interaction :**

*Objectif :* modéliser les exemples de réalisation des fonctionnalités de chacun des composants de l'application.

*Quand :* cette étape est la deuxième de la phase de conception. Il est possible de réaliser l'étape 7 en même temps que cette étape.

*Qui :* l'équipe de développement.

*Quoi :* un diagramme de séquence, par exemple nominal de réalisation d'une fonctionnalité. Un diagramme de séquence, par exemple de réalisation d'une fonctionnalité soulevant une erreur.

*Comment :* à partir de la définition des composants, il faut élaborer des exemples de réalisation des fonctionnalités qu'ils proposent. Nous conseillons de réutiliser autant que possible de mêmes objets dans les différentes interactions. Afin d'établir un lien de cohérence entre les parties fonctionnelle, comportementale et structurelle, nous conseillons de typer tous les objets participant aux interactions, soit par des acteurs (partie fonctionnelle), soit par des classes (partie structurelle).

6. **Conception (niveau conceptuel) – classes :**

*Objectif :* modéliser les classes des composants. Toutes les classes d'un même composant doivent appartenir à un même package.

*Quand :* cette étape, la troisième de conception de notre méthode, doit être réalisée après ou en même temps que l'étape 5.

*Qui :* l'équipe de développement.

*Quoi :* autant de diagrammes de classes que nécessaire afin de faciliter la lecture des classes ainsi que leurs relations.

*Comment :* à partir de la définition des composants, il faut modéliser les données qu'ils manipulent. Il faut préciser les relations de dépendance entre les classes (intra-composants et inter-composants).

*Objectif :* modéliser les classes des composants en intégrant les classes de la plate-forme d'exécution.

### 7. Conception (niveau physique) – classes :

*Quand :* cette étape est la première de la phase de conception du niveau physique de notre méthode.

*Qui :* l'équipe de développement.

*Quoi :* autant de diagrammes de classes que nécessaire afin de faciliter la lecture des classes ainsi que leurs relations.

*Comment :* à partir de la spécification des composants (partie structurelle du niveau conceptuel), il faut identifier les classes de la plate-forme d'exécution permettant la concrétisation des composants. Il faut aussi intégrer les traitements associés aux opérations sous forme de note de code. Pour finir, il faut préciser les relations d'abstraction avec le niveau conceptuel.

### 8. Conception (niveau physique) – interaction :

*Objectif :* modéliser les cas de test abstraits.

*Quand :* cette étape est la deuxième de la phase de conception du niveau physique.

*Qui :* l'équipe de développement.

*Quoi :* un diagramme de séquence de test par cas de test abstrait.

*Comment :* pour chaque classe du niveau conceptuel, il faut identifier plusieurs tests abstraits à réaliser et modéliser ces cas de test à l'aide de diagrammes de séquence de test. Comme indiqué au chapitre 7, notre méthode ne donne aucun moyen d'identifier les bons cas de test.

### 9. Conception (niveau physique) – cas d'utilisation :

*Objectif :* modéliser les fonctionnalités offertes par les composants, mais au niveau physique.

*Quand :* cette étape est la troisième de la phase de conception du niveau physique.

*Qui :* l'équipe de développement.

*Quoi :* un diagramme de cas d'utilisation par package du niveau physique.

*Comment :* en principe, tous les composants du niveau conceptuel apparaissent dans le niveau physique sous forme de packages. Certaines fonctionnalités des composants du niveau conceptuel peuvent toutefois être offertes directement par la plate-forme d'exécution. La modélisation des fonctionnalités au niveau physique permet ainsi de différencier les fonctionnalités directement réalisées par l'application de celles offertes par la plate-forme.

## 10. Génération du code et des tests :

*Objectif :* générer le code de l'application et celui des tests.

*Quand :* cette étape est la première de la phase de codage.

*Qui :* l'équipe de développement.

*Quoi :* le code de l'application et celui des tests.

*Comment :* en exécutant les opérations de génération de code et de tests.

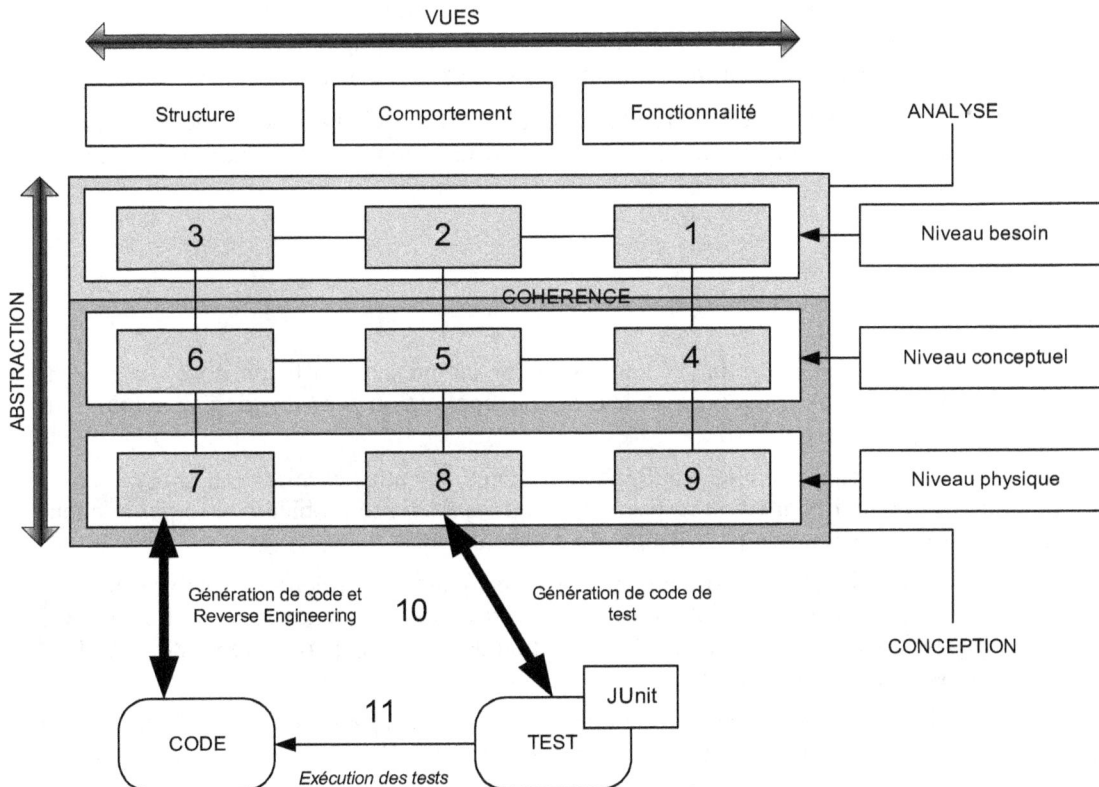

**Figure 10.3**
*Étapes de la méthode et parties du modèle UML*

## 11. Compilation et exécution du code et des tests :

*Objectif :* compiler et exécuter le code de l'application et celui des tests.

*Quand :* cette étape est la deuxième de la phase de codage.

*Qui :* l'équipe de développement.

*Quoi :* l'exécutable.

*Comment :* en exécutant les opérations de compilation et d'exécution fournies par la plate-forme d'exécution.

12. **Modification de l'application (correction de bogues ou réalisation d'évolutions) :**

*Objectif :* mettre à jour l'application.

*Quand :* à tout moment après l'étape 11.

*Qui :* l'équipe de développement.

*Quoi :* modification du modèle ou du code.

*Comment :* en modifiant n'importe quelle partie du modèle ou en modifiant le code. Les opérations de génération de code et de Reverse Engineering doivent être utilisées pour assurer la synchronisation entre le code et le modèle.

Toutes ces étapes, après la rédaction du cahier des charges, se retrouvent dans notre vision schématique du modèle UML d'une application, telle qu'illustrée à la figure 10.3.

# Synthèse

Dans ce chapitre, qui clôt ce cours, nous avons présenté la façon dont s'articulent toutes les parties du modèle UML d'une application lors de la réalisation d'un développement avec UML.

Nous avons en particulier souligné la distinction entre les phases d'analyse et de conception, qui permettent respectivement de spécifier le problème posé par le client et la solution proposée par l'équipe de développement.

Nous avons en outre proposé une méthode pédagogique permettant de suivre un cycle de développement avec UML lors de la construction d'une nouvelle application. Ce cycle préconise un chemin dans l'élaboration de toutes les parties du modèle UML et se termine par la génération de code.

Grâce à cette méthode mais surtout grâce aux différentes parties du modèle élaborées en UML, il est possible de cumuler les avantages de la modélisation avec ceux du codage.

Insistons à nouveau sur le fait que la méthode que nous avons présentée n'utilise pas de manière exhaustive toutes les possibilités d'UML ni toutes les opérations applicables sur les modèles (simulation de modèles, vérification de propriétés, etc.), qui permettent d'obtenir d'autres gains. Cependant, notre méthode présente les parties d'un modèle UML qui offrent le plus d'avantages en terme de développement et qu'il est nécessaire de maîtriser pour pouvoir aller plus loin dans la modélisation des systèmes.

Travaux dirigés

# TD10. Développement avec UML

Une association d'ornithologie vous confie la réalisation du système logiciel de recueil et de gestion des observations réalisées par ses adhérents (le logiciel DataBirds). L'objectif est de centraliser toutes les données d'observation arrivant par différents canaux au sein d'une même base de données, qui permettra ensuite d'établir des cartes de présence des différentes espèces sur le territoire géré par l'association.

Les données à renseigner pour chaque observation sont les suivantes :

- Nom de l'espèce concernée. Il y a environ trois cents espèces possibles sur le territoire en question. Si l'observation concerne plusieurs espèces, renseigner plusieurs observations
- Nombre d'individus.
- Lieu de l'observation.
- Date de l'observation.
- Heure de l'observation.
- Conditions météo lors de l'observation.
- Nom de chaque observateur.

Quelle que soit la façon dont sont collectées les données, celles-ci sont saisies dans la base dans un état dit « à valider ». Tant que les données ne sont pas validées par les salariés de l'association, des modifications peuvent être faites sur les données.

La validation des données se fait uniquement par les salariés de l'association qui ont le droit de modifier la base de DataBirds. Ils doivent vérifier que les données saisies sont cohérentes. Plus précisément, ils doivent valider les noms des observateurs (les noms doivent correspondre à des noms d'adhérents) et l'espèce (celle-ci doit correspondre à une espèce connue sur le territoire).

Après validation, une saisie se trouve soit dans l'état dit « validé », soit dans l'état dit « non validé ». Les saisies dans l'état « non validé » sont automatiquement purgées de la base une fois par semaine.

Grâce aux données saisies et validées, l'association souhaite pouvoir établir différents types de cartes de présence des différentes espèces :

- Cartes géographiques par espèce présentant un cumul historique des populations. Ce traitement peut être demandé par un adhérent.
- Cartes des observations réalisées par chaque observateur. Ce traitement peut être demandé par un salarié uniquement.

Ces cartes de présence des oiseaux sont générées par DataBirds et accessibles soit par le Web, soit par demande *via* un courrier électronique ou postal.

**Question 83** *Effectuez la première étape de la méthode.*

**Question 84** *Effectuez la deuxième étape de la méthode (niveau besoin - comportement).*

**Question 85**    *Effectuez la troisième étape de la méthode.*

**Question 86**    *Effectuez la quatrième étape de la méthode.*

**Question 87**    *Effectuez la cinquième étape de la méthode.*

**Question 88**    *Effectuez la sixième étape de la méthode.*

**Question 89**    *Effectuez la septième étape de la méthode.*

**Question 90**    *Effectuez la huitième étape de la méthode sur une seule classe.*

**Question 91**    *Effectuez la neuvième étape de la méthode.*

Ce TD aura atteint son objectif pédagogique si et seulement si :

- Vous savez appliquer chaque étape de la méthode.
- Vous comprenez l'importance des relations de cohérence entre les parties du modèle.
- Vous êtes capable de mesurer les gains offerts grâce à l'élaboration du modèle UML d'une application.

# Corrigés des TD

## TD1. Un curieux besoin de modélisation

À partir du code donné en annexe, répondez aux questions suivantes.

**1.** *En une phrase, quels sont les rôles de chacune des classes ?*

Voici la liste des classes et leur rôle :

- `Repertoire` représente le répertoire (dans l'application il n'y en a qu'un).
- `Personne` représente une fiche d'une personne dans le répertoire.
- `Adress` représente une adresse postale.
- `UIRepertoire` correspond à la représentation graphique d'un répertoire à partir de laquelle les actions sur le répertoire pourront être appelées.
- `UIPersonne` correspond à la représentation graphique d'une fiche d'une personne à partir de laquelle les actions sur la fiche d'une personne pourront être appelées.
- `UIMenuActionListener` représente la classe chargée de capter tous les clics destinés à interagir avec un répertoire et d'appeler les traitements associés.
- La classe anonyme définie dans la classe `UIPersonne` est chargée de capter tous les clics destinés à interagir avec la fiche d'une personne et d'appeler les traitements associés.
- `MyAssistant` est la classe qui contient la fonction principale (le main) de l'application. Elle crée l'interface associée au répertoire géré par l'application.

**2.** *Peut-on dire qu'il existe des classes représentant des données et des classes représentant des interfaces graphiques ? Si oui, pourquoi et quelles sont ces classes ?*

Toutes les classes commençant par `UI` sont graphiques. Les classes `UIRepertoire` et `UIPersonne` représentent les interfaces graphiques permettant la gestion des répertoires et des personnes, tandis que la classe `UIMenuActionListener` est en charge de la gestion des actions sur les interfaces et de la réalisation des fonctionnalités associées à ces actions.

Les classes `Repertoire`, `Personne` et `Adresse` représentent les données manipulées par l'application.

La classe `MyAssistant` ne représente ni des données ni des interfaces graphiques ; elle sert à « lancer » l'application.

**3.** *Est-il possible que le numéro de téléphone d'une personne soit +33 1 44 27 00 00 ?*

Oui, parce que les propriétés `telephoneMaison`, `telephonePortable` et `telephoneBureau` de la classe `Personne` sont de type string et qu'aucune vérification n'est faite sur sa valeur.

**4.** *Est-il possible que l'adresse e-mail d'une personne soit « je_ne_veux_pas_donner_mon_email » ?*

Oui, parce que la propriété `mail` de la classe `Personne` (qui correspond à l'adresse e-mail) est de type string et qu'aucune vérification n'est faite sur sa valeur.

**5.** *Quelles sont les fonctionnalités proposées par les menus graphiques de cette application ?*

Il faut regarder les classes gérant les interfaces graphiques. Elles créent, dans notre cas, soit des menus déroulants, soit des boutons de soumission.

La classe `UIRepertoire` crée trois menus déroulants : Fichier, Organisation et Aide. Les fonctionnalités sont les éléments de chacun de ces trois menus. Mis à part le nom de ces fonctionnalités, le code de cette classe ne permet pas de connaître le service réalisé par chacune de ces fonctionnalités.

Voici chacun des menus avec les éléments qu'il contient :

- Menu Fichier :
  - Nouveau
  - Ouvrir
  - Enregistrer
  - Enregistrer Sous
- Menu Organisation :
  - Ajouter Nouvelle Personne
  - Rechercher Personne(s)
- Menu Aide :
  - A Propos

La classe `UIPersonne` est l'interface graphique associée à une personne. Elle crée deux boutons de soumission : Save et Cancel. Comme pour les menus déroulants, seul le nom des boutons peut nous renseigner sur la fonctionnalité associée.

**6.** *Quelles sont les fonctionnalités réellement réalisées par cette application ?*

Pour avoir la réponse, il faut regarder dans le code associé aux classes de gestion des interfaces.

Pour un répertoire, il s'agit de la classe `UIMenuActionListener`, dans le code de laquelle nous constatons que seules les fonctionnalités Ajouter Nouvelle Personne et Nouveau sont réalisées. Les autres fonctionnalités ne font qu'afficher un message.

Pour une personne, il n'y a pas de classe nommée associée à la gestion de l'interface. Il faut regarder, dans le code de la classe `UIPersonne`, le code associé à la classe anonyme assurant la gestion de l'interface. Nous constatons alors que les fonctionnalités Save et Cancel sont réalisées.

**7.** *Est-il possible de sauvegarder un répertoire dans un fichier ?*

C'est a priori possible puisque l'option Enregistrer Sous du menu Fichier le laisse supposer. Cependant, le code nous informe que cette fonctionnalité n'est pas encore réalisée.

**8.** *Si vous aviez à rédiger un document décrivant tout ce que vous savez sur cette application afin qu'il puisse être lu par un développeur qui veut réutiliser cette application et un chef de projet qui souhaite savoir s'il peut intégrer cette application, quelles devraient être les caractéristiques de votre document ?*

Le document doit contenir toutes les informations relatives aux différentes vues (diversité), aux différents niveaux d'abstraction sans oublier les relations de cohérence reliant tous ces éléments.

Plus précisément, à partir du code de l'application, il est possible (mais pas simple) de rédiger une documentation :

• des services offerts par l'application (utile au développeur et au chef de projet) ;

• de conception de l'application (utile au développeur) ;

• d'architecture de l'application (utile au développeur) ;

• des logiciels nécessaires à l'utilisation de l'application (utile au développeur et au chef de projet).

**9.** *Rédigez un document présentant l'application* `MyAssistant`.

L'application `MyAssistant` permet de gérer des répertoires. Un répertoire contient des informations relatives à des personnes. Pour chaque personne, il est possible de stocker un nom, un prénom, un numéro de téléphone du domicile, un numéro de téléphone du travail, un numéro de téléphone de portable, un numéro de fax, un titre, une société, une adresse et une adresse e-mail.

**10.** *Rédigez un document décrivant les fonctionnalités de l'application* `MyAssistant`.

Attention : l'interprétation des fonctionnalités non réalisées par le code Java fourni se fait en fonction du nom du menu associé et par similitude à ce qui se fait dans la majorité des applications.

Les fonctionnalités offertes par l'application sont de deux sortes. Les fonctionnalités sur un répertoire et les fonctionnalités sur une personne.

Les fonctionnalités de gestion d'un répertoire sont les suivantes :

- Créer un nouveau répertoire (menu Fichier/Nouveau).
- Ouvrir un répertoire déjà existant (menu Fichier/Ouvrir).
- Enregistrer un répertoire, c'est-à-dire enregistrer toutes les informations sur les personnes identifiées dans le répertoire (menu Fichier/Enregistrer). L'enregistrement se fait dans le fichier d'origine du répertoire s'il s'agit du répertoire déjà existant. Sinon, l'enregistrement se fait dans un nouveau fichier que l'utilisateur aura à identifier.
- Enregistrer un répertoire dans un autre fichier que le fichier d'origine, s'il existe (menu Fichier/Enregistrer Sous).
- Ajouter une nouvelle personne dans le répertoire ouvert (menu Organisation/ Ajouter Nouvelle Personne). Cette fonctionnalité propose à l'utilisateur de saisir les informations correspondant à une nouvelle personne.
- Rechercher une personne (menu Organisation/Rechercher Personne). Cette fonctionnalité permet de rechercher la totalité des informations sur une personne en n'en saisissant qu'une partie (nom, numéro de téléphone, une partie du nom, etc.). Il faudrait avoir le cahier des charges ou un code complet pour savoir exactement à partir de quoi la recherche peut être faite.
- Afficher l'aide sur l'application (menu Aide/A Propos). Cette fonctionnalité permet à l'utilisateur d'accéder à l'aide disponible sur l'application. Là aussi, il n'y a aucune information sur la forme de cette aide.

Les fonctionnalités de gestion d'une personne sont les suivantes :

- Sauvegarder les informations saisies pour une personne (bouton Save de l'interface graphique associée à une personne). Attention : pour ajouter effectivement une personne à un répertoire, il faut enregistrer le répertoire. Se contenter de sauvegarder les informations relatives à la personne n'est pas suffisant.
- Annuler les modifications faites sur les informations d'une personne (bouton Cancel de l'interface graphique associée à une personne). Cette fonctionnalité annule toutes les modifications faites depuis la dernière sauvegarde des informations.

**11.** *Rédigez un document décrivant l'architecture générale de l'application* MyAssistant.

Une solution (qui n'est pas unique) consiste à considérer un composant pour :

- l'interface graphique ;
- la base de données stockant les informations sur les personnes et les répertoires ;
- l'interface avec la base de données ;
- la réalisation de la « logique » des fonctionnalités de l'application.

La figure 1 illustre les liens de communication qui existent entre les différents composants. Il est important de donner la légende du schéma.

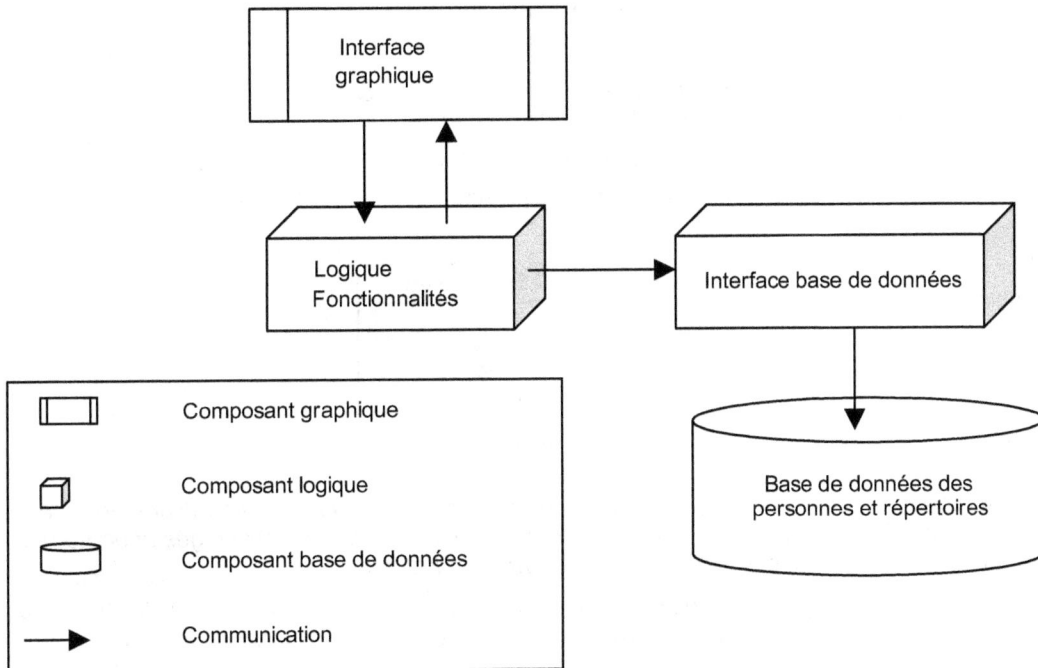

**Figure 1**
*Architecture générale de* MyAssistant

## TD2. Diagrammes de classes

**12.** *Définissez la classe UML représentant un étudiant, caractérisé, entre autres, par un identifiant, un nom, un prénom et une date de naissance.*

Voici une solution ne prenant en compte que les propriétés d'un étudiant nommées dans la question.

La classe se nomme Etudiant, et elle possède les quatre propriétés suivantes, représentées à la figure 2 :

- id, de type Integer, qui représente l'identifiant de l'étudiant.
- nom, de type String, qui représente le nom de l'étudiant.
- prenom, de type String, qui représente le prénom de l'étudiant.
- dateNaissance, de type String, qui représente la date de naissance de l'étudiant.

*Figure 2*
*Classe* Etudiant

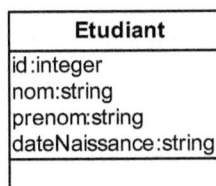

Cette définition n'impose aucune règle sur le format de saisie de la date de naissance.

**13.** *Définissez la classe UML représentant un enseignant, caractérisé, entre autres, par un identifiant, un nom, un prénom et une date de naissance.*

La réponse est similaire à celle de la question précédente, si ce n'est que le nom de la classe est maintenant Enseignant, comme l'illustre la figure 3.

**Figure 3**

*Classe* Enseignant

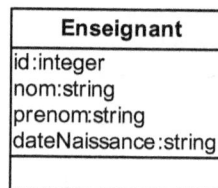

| Enseignant |
|---|
| id:integer |
| nom:string |
| prenom:string |
| dateNaissance:string |
| |

**14.** *Définissez la classe UML représentant un cours, caractérisé par un identifiant, un nom, le nombre d'heures de cours magistral, le nombre d'heures de travaux dirigés et un nombre d'heures de travaux pratiques que doit suivre un étudiant.*

La question étant exhaustive sur les propriétés de la classe, il n'y a pas de choix. Les seules libertés sont sur les types des propriétés. Voici une solution possible.

La classe se nomme Cours, et elle possède les cinq propriétés suivantes (voir figure 4) :

- id, de type integer, qui représente l'identifiant du cours.
- nom, de type string, qui représente le nom du cours.
- nbHeuresCours, de type integer, qui représente le nombre d'heures de cours magistral.
- nbHeuresTD, de type integer, qui représente le nombre d'heures de travaux dirigés.
- nbHeuresTP, de type integer, qui représente le nombre d'heures de travaux pratiques.

**Figure 4 '**

*Classe* Cours

| Cours |
|---|
| id:integer |
| nom:string |
| nbHeureCours:integer |
| nbHeureTD:integer |
| nbHeureTP:integer |
| |

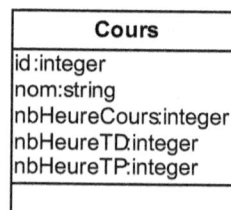

**15.** *Définissez les associations qui peuvent exister entre un enseignant et un cours.*

La question n'est pas assez précise pour qu'une seule solution soit possible. Toutes les associations réalistes sont possibles.

Nous considérons deux associations entre ces classes. La relation Responsabilité permet d'associer à un cours l'enseignant qui en est responsable et d'associer à un enseignant l'ensemble des cours qu'il gère (un enseignant pouvant ne gérer aucun cours). La relation `Dispenser` permet d'associer à un cours l'ensemble des enseignants qui y participent (nous parlons alors des intervenants d'un cours), cet ensemble ne devant pas être vide. Cette relation permet aussi d'associer à un enseignant l'ensemble des cours qu'il dispense, ensemble qui lui non plus ne peut être vide.

Les associations représentées à la figure 5 prennent en compte toutes les contraintes précédentes.

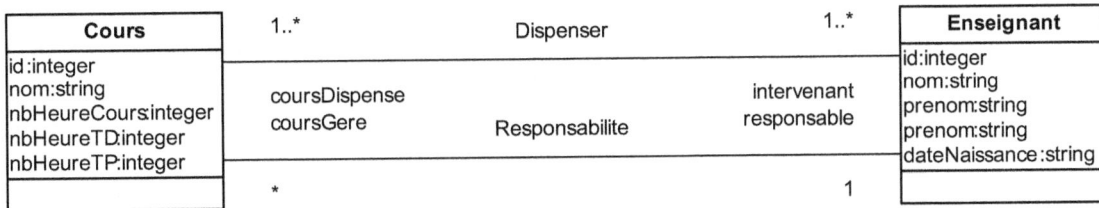

**Figure 5**

*Associations entre les classes* Cours *et* Enseignant

Nous ne nous sommes pas intéressés à la navigabilité des associations. Cependant, même si les associations ne sont pas navigables, des liens peuvent être créés entre objets instances des classes. Dans ce cas, les objets seront liés mais n'auront pas connaissance des liens. Il ne sera, par exemple, pas possible de passer par un cours pour accéder à son responsable. La façon dont les choses seront réellement réalisées dépend de la plate-forme d'exécution utilisée.

**16.** *Définissez la classe UML représentant un groupe d'étudiants en utilisant les associations.*

Il n'est pas possible d'utiliser une association groupe de la classe `Etudiant` vers elle-même. Cette association permettrait de relier des étudiants entre eux mais ne permettrait pas d'identifier les différents groupes. Il est donc nécessaire d'avoir une représentation nous permettant d'identifier les groupes.

Nous ajoutons donc une classe `Groupe`, que nous associons à la classe `Etudiant`. L'association entre les deux classes se nomme `Groupement`. Nous considérons qu'un étudiant peut appartenir à plusieurs groupes, voire aucun, qu'un groupe contient au moins deux membres mais n'a pas de limite supérieure sur le nombre de ses membres. L'association est graphiquement représentée à la figure 6.

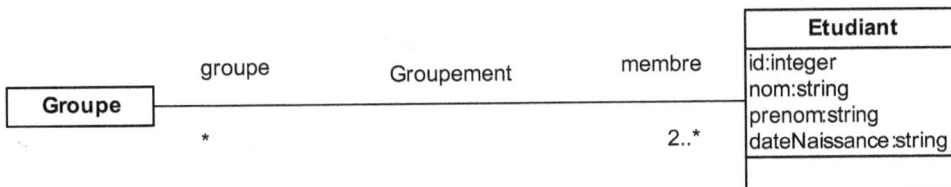

**Figure 6**

*Classe* Groupe

**17.** *Définissez l'association possible entre un groupe d'étudiants et un cours.*

Nous nommons l'association GroupeDeCours. Nous considérons que les groupes sont redéfinis pour chaque cours et qu'il faut au moins un groupe pour qu'un cours ait lieu. En conséquence, à un groupe nous n'associons qu'un seul cours, et à un cours nous associons un à plusieurs groupes.

La figure 7 représente graphiquement l'association GroupeDeCours.

**Figure 7**

*Association GroupeDeCours*

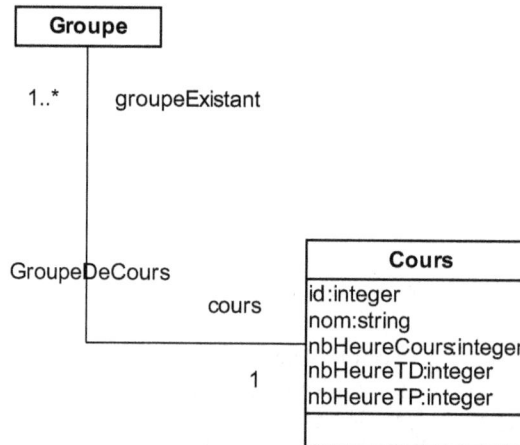

**18.** *Pensez-vous qu'il soit possible de définir un lien d'héritage entre les classes UML représentant respectivement les étudiants et les enseignants ?*

Pour pouvoir définir un lien d'héritage entre deux classes, il faut que l'ensemble des objets instances d'une des deux classes soit inclus dans l'ensemble des objets instances de l'autre. Ce n'est pas le cas ici, puisque tous les étudiants ne sont pas des enseignants et que tous les enseignants ne sont pas des étudiants. Le fait que des enseignants puissent aussi étudier certains cours ne peut se représenter avec un lien d'héritage entre classes.

Le lien entre ces deux classes d'objets est qu'ils partagent certaines propriétés propres à une personne. Si nous voulons faire apparaître ce lien, il nous faut introduire une classe Personne, comme le montre la figure 8. Les classes Etudiant et Enseignant héritent alors de la classe Personne.

**19.** *Pensez-vous qu'il soit possible de définir un lien d'héritage entre les classes UML représentant respectivement les étudiants et les groupes d'étudiants ?*

Ce n'est pas possible pour la même raison que précédemment. Les classes Etudiant et Groupe représentent des ensembles d'objets différents ne présentant aucune relation d'inclusion. Les groupes ne sont pas des étudiants (et inversement). Par contre, les groupes sont composés d'étudiants, et les étudiants appartiennent à des groupes, ce qui est représenté par l'association Groupement.

**Figure 8**

*Héritage
pour les classes*
Etudiant
*et* Enseignant

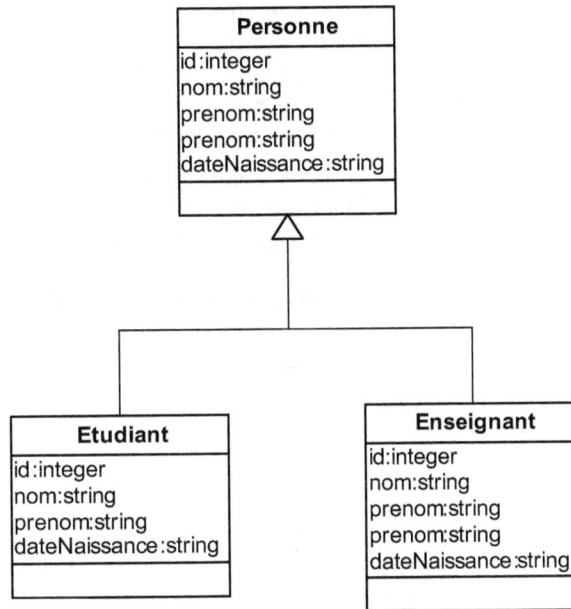

**20.** *On nomme* `coursDeLEtudiant()` *l'opération permettant d'obtenir l'ensemble des cours suivis par un étudiant. Positionnez cette opération dans une classe, puis précisez les paramètres de cette opération, ainsi que les modifications à apporter aux associations préalablement identifiées pour que votre solution soit réalisable.*

Il semble assez naturel de mettre cette opération dans la classe `Etudiant`, car les associations permettent, à partir d'un étudiant, de retrouver l'ensemble des cours auxquels il assiste. Dans ce cas, les paramètres d'entrée (`in`) sont inexistants, et l'opération s'applique sur l'objet courant (l'étudiant). Le type du retour de l'opération est un ensemble, éventuellement vide, de cours de type `Cours`.

Pour mettre en place cette solution, il est indispensable de pouvoir accéder aux groupes auxquels un étudiant appartient et, depuis ces groupes, de pouvoir accéder au cours associé à chacun d'eux. Il faut alors mettre les navigabilités adéquates sur l'association `Groupement` de la classe `Etudiant` vers la classe `Groupe` et sur l'association `GroupeDeCours` de la classe `Groupe` vers la classe `Cours`.

Si nous acceptons d'ajouter des associations par rapport à ce qui a déjà été fait, une solution pour mettre en place notre solution est de définir une association entre les classes `Etudiant` et `Cours` permettant d'associer directement un étudiant aux cours qu'il suit et un cours aux étudiants qui le suivent. Cette association doit être navigable de la classe `Etudiant` vers la classe `Cours`.

**21.** *Nous nommons* `coursDeLEnseignant()` *l'opération permettant d'obtenir l'ensemble des cours dans lesquels intervient un enseignant. Positionnez cette opération dans une classe, puis précisez les paramètres de cette opération, ainsi que les modifications à apporter aux associations préalablement identifiées afin que votre solution soit réalisable.*

Il semble assez naturel de mettre cette opération dans la classe Enseignant, car les associations permettent, à partir d'un enseignant, de retrouver l'ensemble des cours dans lesquels il intervient. Dans ce cas, les paramètres d'entrée (in) sont inexistants, et l'opération s'applique sur l'objet courant (l'enseignant). Le type du retour de l'opération est un ensemble, éventuellement vide, de cours de type Cours.

Pour mettre en place cette solution, il est indispensable de pouvoir accéder aux cours que dispense un enseignant. Il faut donc mettre les navigabilités adéquates sur l'association Dispenser de la classe Enseignant vers la classe Cours.

**22.** *Expliquez le diagramme de classes représenté à la figure 9.*

**Figure 9**

*Diagramme de classes du package* planning

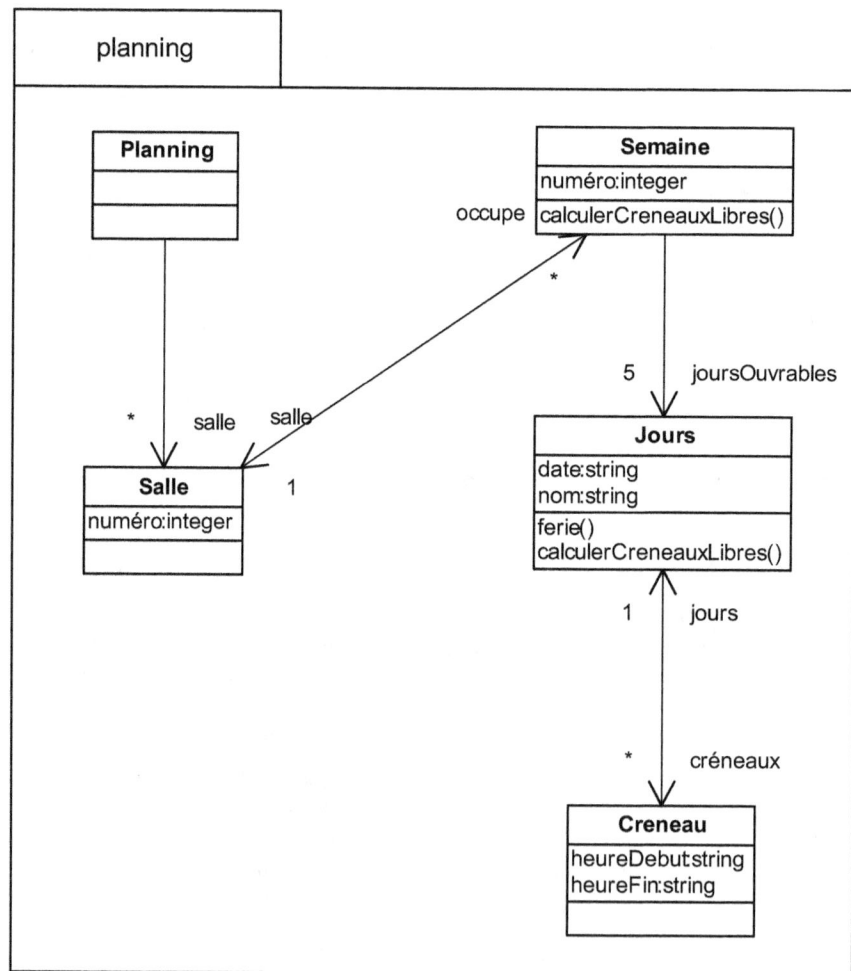

Le diagramme de classes du package planning représente l'occupation d'un ensemble de salles (éventuellement vide).

Ce package contient cinq classes, `Planning`, `Salle`, `Semaine`, `Jours` et `Creneau`.

La classe `Creneau` contient les informations d'un créneau horaire déterminé par une heure de début et une heure de fin. Un créneau est associé à un jour. Il permet d'identifier un créneau d'occupation d'une salle un jour donné.

La classe `Jours` contient les informations sur l'ensemble de créneaux occupés de ce jour. Un jour est déterminé par une date et un nom (jour dans la semaine). Il est possible de savoir si un jour correspond à un jour férié et quels sont ses créneaux libres. Cette dernière opération est possible grâce à l'association navigable entre les classes `Jours` et `Creneau`, qui permet d'avoir la liste des créneaux occupés pour un jour donné. Cette classe permet donc d'identifier les créneaux d'occupation d'une salle pour un jour donné.

La classe `Semaine` contient les informations sur les créneaux composant l'ensemble des jours de la semaine. Une semaine est représentée par son numéro. L'association navigable de la classe `Semaine` vers la classe `Jours` permet d'avoir accès aux informations sur les créneaux occupés de l'ensemble des jours de la semaine. Cette association est nécessaire pour la réalisation de l'opération `calculerCreneauxLibres()`, qui permet d'identifier les créneaux libres pour une semaine donnée. Nous avons en plus l'information qu'une `Semaine` est composée de cinq jours ouvrables exactement. Cette classe permet donc d'identifier les créneaux d'occupation d'une salle pour une semaine donnée.

La classe `Salle` contient les informations sur l'occupation d'une salle. Une salle est représentée par son numéro. L'association navigable entre la classe `Salle` et la classe `Semaine` permet de récupérer l'ensemble des informations sur l'occupation de la salle pour un nombre quelconque de semaines. Une semaine est associée à une seule salle. Une même semaine (en terme de numéro) existera en autant d'exemplaires que de salles occupées cette même semaine. Chacune de ces semaines représente l'occupation d'une salle en particulier. Cette classe permet donc d'identifier les créneaux d'occupation d'une salle pour un ensemble de semaines.

La classe `Planning` contient les informations sur l'occupation d'un ensemble de salles (éventuellement vide). Elle ne contient aucune propriété. Grâce à une association vers la classe `Salle`, il est possible d'accéder à l'ensemble des salles et de récupérer les informations sur leur occupation.

**23.** *Positionnez toutes vos classes (`Etudiant`, `Enseignant`, `Cours`, `GroupeEtudiant`) dans un package nommé `personnel`.*

La solution est donnée par la figure 10.

**24.** *Liez vos classes afin de faire en sorte qu'un créneau soit lié à un cours !*

Il faut mettre une association entre la classe `Cours` du package `personnel` et la classe `Creneau` du package `planning`. Si nous souhaitons pourvoir identifier le cours ayant lieu dans une salle pour un jour et un créneau donnés, il faut que cette association soit navigable de la classe `Creneau` vers la classe `Cours` et que le package `planning` importe le package `personnel`. C'est ce qu'illustre la figure 11.

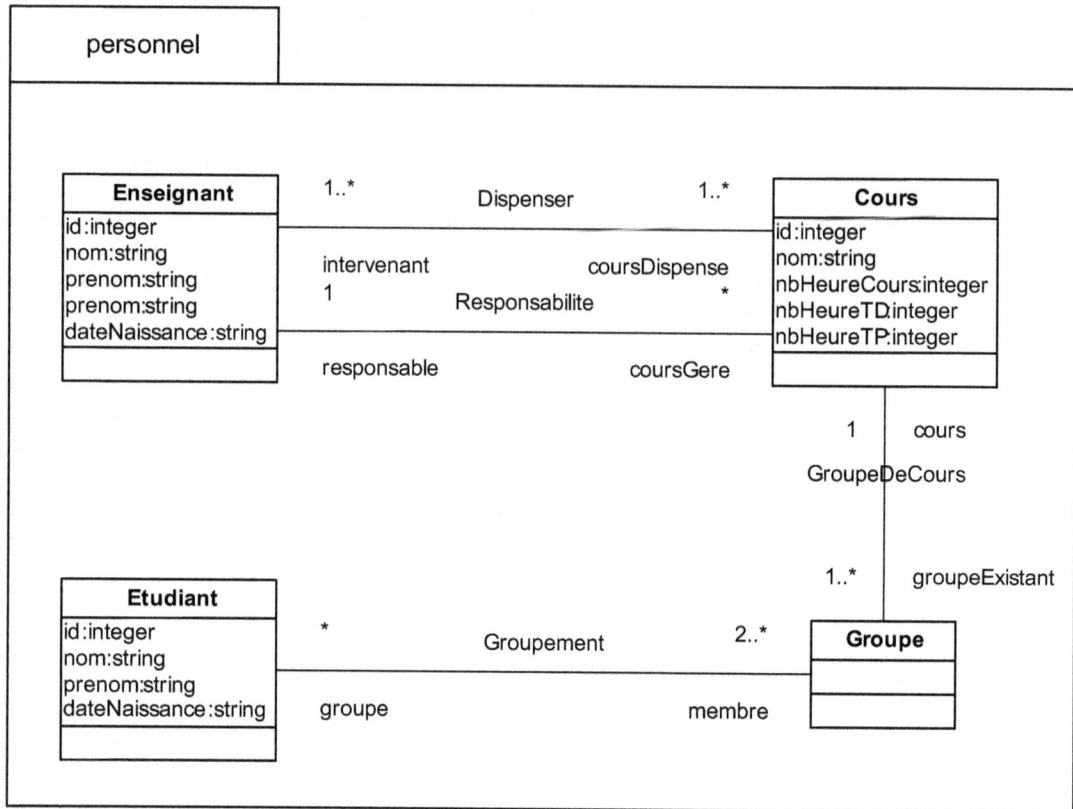

**Figure 10**
*Package* personnel

**Figure 11**

*Packages* planning *et* personnel

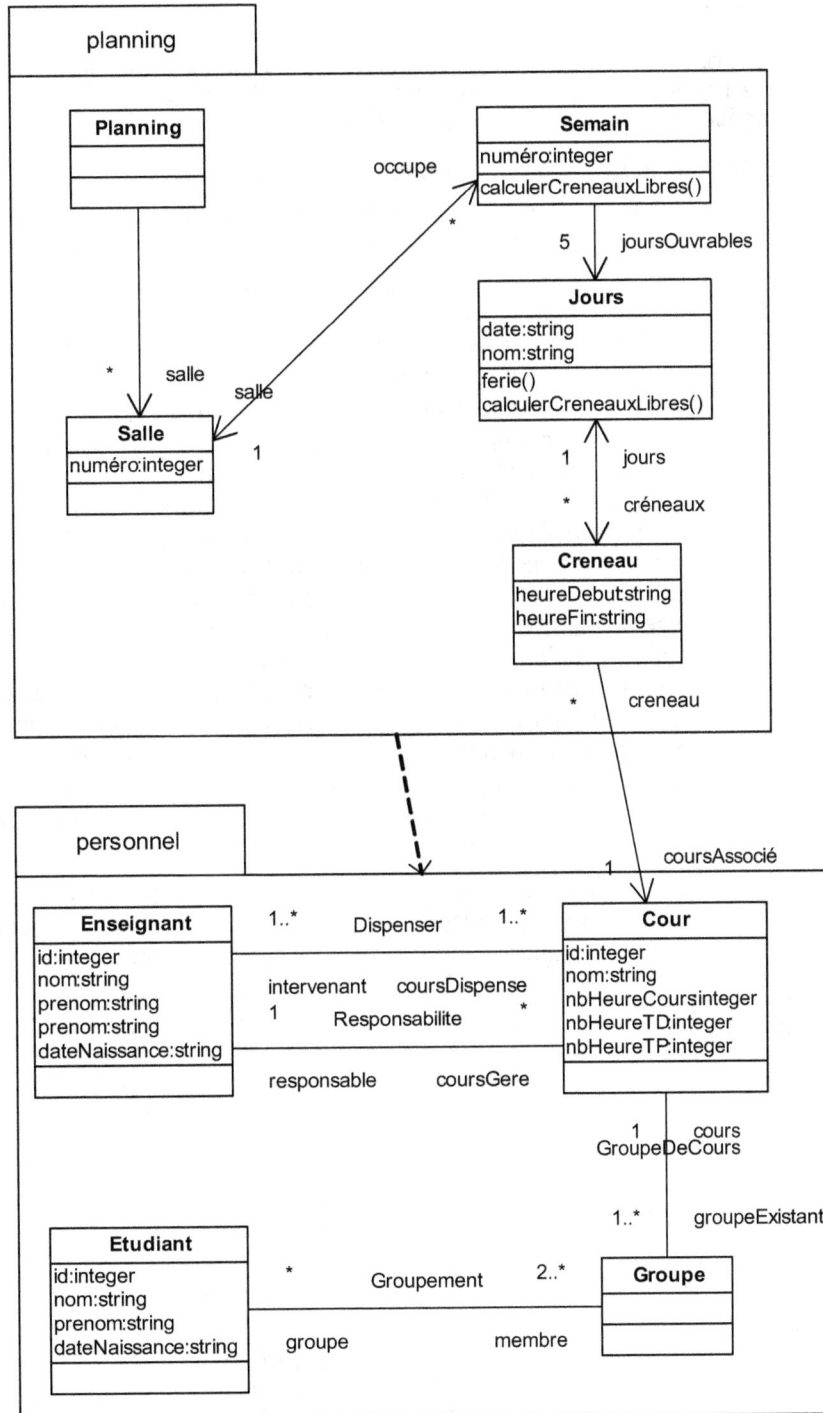

# TD3. Reverse Engineering

Les opérations de Reverse Engineering présentées dans ce TD portent sur le code Java de l'application `MyAssistant` donné au TD1. Nous appliquons les règles de correspondance Java vers UML décrites au chapitre 3.

**25.** *Effectuez le Reverse Engineering de la classe* `Adresse`.

Les informations se trouvent dans le code de la classe `Adresse` :

- Règle 1 : à la classe Java `Adresse` doit correspondre une classe UML `Adresse`.
- Règle 3 : à tout attribut de la classe Java `Adresse` doit correspondre une propriété de même nom dans la classe UML associée. Le type Java de tous les attributs de la classe `Adresse` étant string, le type des propriétés associées sera le type UML `string`. Il y a cinq propriétés : `pays`, `region`, `codePostal`, `ville` et `rue`.
- Règle 4 : à toute opération de la classe Java `Adresse` doit correspondre une opération de même nom appartenant à la classe UML correspondante. La classe Java `Adresse` contient deux opérations. Il s'agit des opérations de lecture de la valeur d'un attribut (`public typeAttribut getNomAttribut()`) et des opérations d'affectation d'une valeur à un attribut (`public void setNomAttribut(typeAttribut nomParamètre)`). Nous retrouvons donc les opérations équivalentes dans la classe UML. Les opérations de lecture d'un attribut sont traduites par une opération ayant un paramètre de sortie du type de l'attribut et aucun paramètre d'entrée (`getNomAttribut():typeAttribut`). Les opérations d'affectation d'une valeur à un attribut sont traduites par une opération avec un paramètre d'entrée du même type que l'attribut et aucun paramètre de sortie (`setNomAttribut(In nomParamètre:typeAttribut)`. Les opérations Java étant toutes publiques, les opérations UML correspondantes le seront toutes aussi.

Seules ces trois règles s'appliquent au Reverse Engineering de la classe `Adresse`. Il ne faut pas oublier d'attacher à chacune des opérations une note contenant le code de traitement de l'opération Java associée (règle 9).

Dans la représentation graphique de la classe qui est donnée à la figure 12, les opérations sont précédées d'un +, et leur paramètres sont masqués. Nous avons aussi choisi de masquer les notes attachées aux opérations.

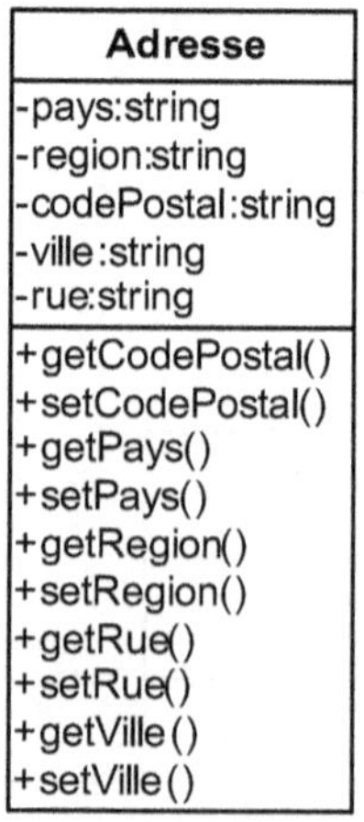

**Figure 12**

*Classe* Adresse

| Adresse |
|---|
| -pays:string |
| -region:string |
| -codePostal:string |
| -ville:string |
| -rue:string |
| +getCodePostal() |
| +setCodePostal() |
| +getPays() |
| +setPays() |
| +getRegion() |
| +setRegion() |
| +getRue() |
| +setRue() |
| +getVille() |
| +setVille() |

**26.** *Effectuez le Reverse Engineering de la classe* Personne.

Les informations se trouvent dans le code de la classe Personne. La traduction de la majorité des attributs et opérations Java ne pose pas de problème particulier et se fait de façon similaire à ce que nous avons fait pour la classe Adresse.

Pour les opérations, la seule différence vient de l'opération toString(), qui ne modifie pas un attribut ni ne retourne sa valeur. Elle retourne en fait une chaîne de caractères composée de la valeur de deux attributs. Sa traduction ne pose pas de problème particulier : nous ajoutons à la classe Personne du modèle UML l'opération +toString():string. Il ne faut pas oublier d'attacher à chacune des opérations une note contenant le code de traitement de l'opération Java associée.

Pour les attributs, la seule différence vient de l'attribut adresse de type Adresse. Nous appliquons alors la règle 3 modifiée, qui nous dit de ne pas créer de propriété Adresse mais de créer une association navigable entre la classe Personne et la classe Adresse. Le nom de rôle associé à la classe Adresse est le même que celui de l'attribut Java. Il s'agit donc ici de adresse. Une personne ayant une seule adresse, nous précisons sur l'association UML qu'à une Personne est associée 0 à 1 adresse (nous acceptons d'avoir une propriété dont la valeur n'est pas définie).

La figure 13 représente l'association entre les classes Personne et Adresse.

**Figure 13**

*Association entre les classes* Personne *et* Adresse

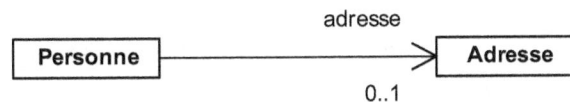

**27.** *Effectuez le Reverse Engineering de la classe* Repertoire.

Les informations se trouvent dans le code de la classe Repertoire. Cette classe ne possède qu'un attribut de type ArrayList, qui est une classe Java. Comme pour la question précédente, nous appliquons la règle 3 modifiée. Nous ne créons donc pas de propriété dans la classe Repertoire mais créons une classe UML ArrayList et une association navigable entre les classes UML Repertoire et ArrayList. Le nom de rôle associé à la classe ArrayList est le nom de l'attribut Java, ici personnes, et la multiplicité associée à cette classe est 0..1.

La classe Java contient cinq opérations, dont nous retrouvons les opérations correspondantes dans la classe UML Repertoire. Il ne faut pas oublier d'ajouter pour chacune d'elles une note contenant le code Java.

Voici la liste de ces opérations :

```
+ajouterPersonne(in p:Personne)
+supprimerPersonne(in p:Personne)
+rechercherPersonnesParNome(in nom:string):
+listerPersonnes():Personnes[*]
+Repertoire():Personnes[*]
```

Les deux dernières opérations retournent un tableau de personnes dont la taille n'est pas précisée.

La figure 14 représente l'association entre les classes `Repertoire` et `ArrayList`.

**Figure 14**

*Association*
*entre les classes*
Repertoire
*et* ArrayList

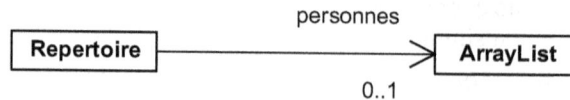

personnes

Repertoire ──────────────────────▶ **ArrayList**

0..1

**28.** *Pourquoi n'y a-t-il pas d'association entre la classe* Repertoire *et la classe* Personne *alors qu'un répertoire contient des personnes ?*

La déclaration des attributs de la classe Java `Repertoire` ne mentionne aucun attribut de type `Personne`, mais mentionne un attribut de type `ArrayList`. Le lien entre le répertoire et les personnes se fait grâce au lien qui existe entre les classes Java `ArrayList` et `Personne`. Ces classes sont liées par la classe Java `Object`. Il existe une association entre les classes Java `ArrayList` et `Object` parce que, d'une part, un objet de type `ArrayList` est composé d'un tableau d'éléments de type `Object` et que, d'autre part, toute classe Java hérite de la classe `Object`. La classe `Personne` hérite donc de la classe `Object`.

Ces relations font qu'un répertoire peut contenir un tableau de personnes. Cette relation n'est pas reflétée par le modèle UML, car il ne contient pas la classe `Objet`. Ajouter cette classe au modèle UML nécessiterait d'établir les liens entre elle et toutes les autres classes, ce qui n'est guère envisageable.

**29.** *Comment modifier les règles du Reverse Engineering pour faire en sorte qu'une association soit établie entre la classe* Repertoire *et la classe* Personne *?*

Dans notre cas, nous pouvons établir cette association, puisque l'attribut de type `ArrayList` de la classe `Repertoire` ne contient que des éléments de type `Personne`. Cet attribut peut donc être représenté par une association entre les classes `Repertoire` et `Personne`. Cela n'est cependant pas toujours possible, car un objet de type `ArrayList` contient des éléments de type `Object`. Puisque toutes les classes héritent de la classe `Object`, un objet de type `ArrayList` peut théoriquement contenir des éléments de n'importe quel type, et ils ne sont pas tous obligatoirement de même type. L'association entre la classe ayant une propriété de type `ArrayList` et la classe représentant le type des objets contenus dans le tableau dynamique (`ArrayList`) n'est donc pas toujours possible.

Nous dirons donc que si, dans Java, un attribut d'une classe A est de type `ArrayList` et que le code montre que tous les objets ajoutés au tableau dynamique sont de même type (représenté par une classe B), nous pouvons mettre une association de la classe A vers la classe B.

Attention : les associations peuvent se déduire des types des attributs, mais non des types des paramètres des opérations de la classe. Si une opération de la classe A a un paramètre de type B, rien ne dit que ce paramètre est une information accessible directement depuis la classe A. Il peut être le résultat d'une opération appelée par la classe A. Il n'y a donc pas lieu d'associer les classes A et B.

**30.** *Effectuez le Reverse Engineering de la classe* `UIPersonne`.

Les informations se trouvent dans le code de la classe `UIPersonne`. Nous constatons tout d'abord que la classe `UIPersonne` hérite de la classe `JPanel`, relation qui doit apparaître dans le modèle UML. Nous ajoutons donc une classe `JPanel` dont hérite la classe `UIPersonne`. La classe `UIPersonne` contient onze attributs, un de type `Personne` et les dix autres de type `JtextField`. L'attribut de type `Personne` est représenté par une association navigable entre la classe `UIPersonne` et la classe `Personne`. Le nom de rôle associé à la classe `Personne` est `personne`, et la multiplicité associée est 0..1.

Pour les autres attributs, nous ajoutons au modèle la classe `JFextField`, et nous créons une association navigable entre la classe `UIPersonne` et la classe `JTextField` pour chacun des attributs. Pour chacune de ces associations, le rôle associé à la classe `JTextField` correspond au nom de l'attribut Java, et la multiplicité associée est 0..1.

Nous ajoutons à la classe UML les cinq opérations suivantes, auxquelles nous ajoutons en note le code Java associé :

```
+UIPersonne()
+UIPersonne(in p:Personne)
+getPersonne():Personne
+setPersonne(in personne:Personne)
+init()
```

Il est important de noter que les règles de Reverse Engineering que nous avons définies ne permettent pas de prendre en considération la classe anonyme créée par l'opération `init`.

La figure 15 représente les liens (héritage ou association) entre la classe `UIPersonne` et les classes `JPanel`, `Personne` et `JTextField`.

**31.** *Comment introduire les classes Java dans le modèle UML ? À quoi cela sert-il ?*

Il faut appliquer une opération de Reverse Engineering sur le code de l'API Java qui se trouve dans le fichier **rt.jar.** Il faut donc disposer des sources de l'API et avoir des règles de Reverse Engineering s'appliquant à ce type de source. Il n'est pas forcément judicieux de traiter de la même manière le Reverse Engineering d'une application complète et celui d'une archive (fichier **.jar** en Java) regroupant un ensemble de classes et les ressources associées.

En fait, il n'est pas intéressant d'introduire dans le modèle UML toutes les informations qu'il est possible d'obtenir sur l'API Java (telles que les liens entre les classes de l'API). L'objectif est uniquement d'introduire les classes de l'API apparaissant directement dans le code afin de pouvoir les référencer et les lier aux classes de l'application. Ces liens sont indispensables pour pouvoir réaliser la génération de code.

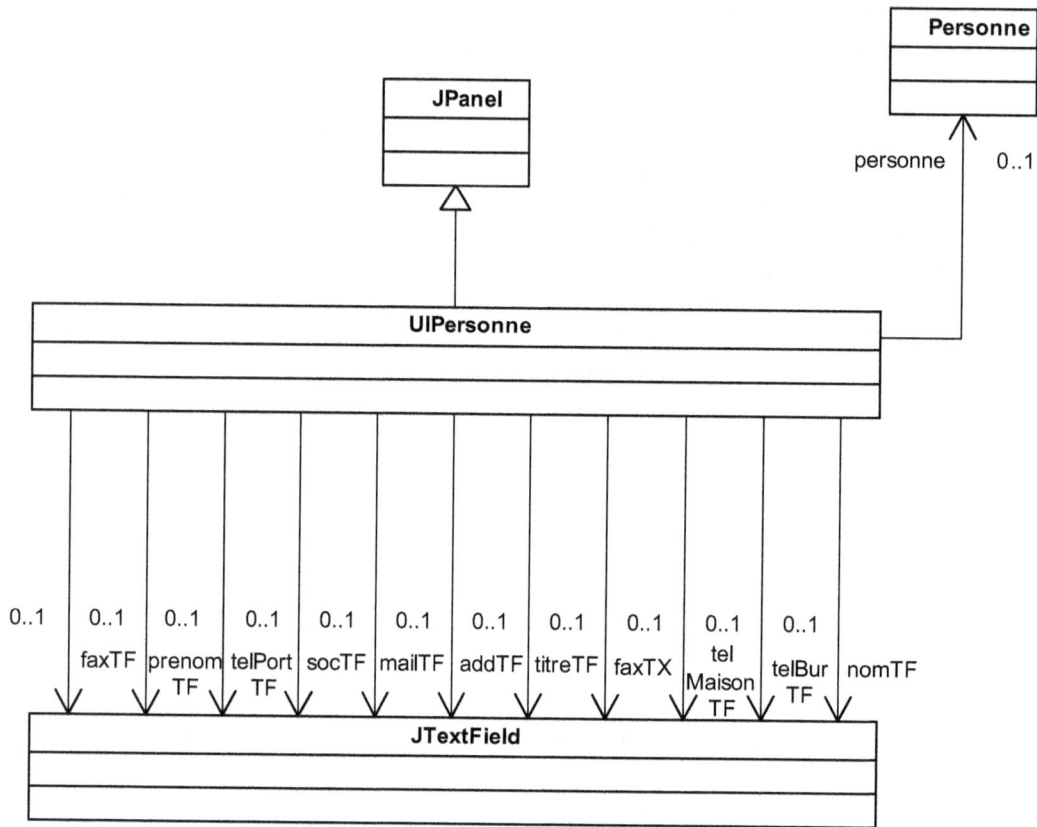

**Figure 15**

*Associations entre* UIPersonne *et* JTextField

**32.** *Est-il plus facile de comprendre une application après en avoir effectué le Reverse Engineering ?*

L'opération de Reverse Engineering ne facilite pas la compréhension d'une application. Il ne s'agit que de représenter graphiquement le code. Les diagrammes obtenus ne sont que la vue structurelle au niveau d'abstraction le plus bas de l'application. Pour comprendre facilement l'application, il faut produire les diagrammes associés à chacune des vues pour chacun des niveaux d'abstraction.

**33.** *Les informations obtenues après Reverse Engineering sont-elles plus abstraites que le code Java ?*

Non, les informations sont équivalentes. Le modèle obtenu après Reverse Engineering ne représente que les informations contenues dans le code. La preuve en est que notre modèle contient des classes Java.

**34.** *Le modèle obtenu par Reverse Engineering contient-il plus de diversité que le code ?*

Si, comme nous le préconisons, le Reverse Engineering produit plusieurs diagrammes de classes, le modèle obtenu offre un peu plus de diversité que le code. Cependant, il nous permet uniquement d'obtenir la vue structurelle de l'application.

Une analyse plus poussée du code pourrait nous permettre d'obtenir des informations sur le comportement et les fonctionnalités de l'application. Mais la mise en place de cette analyse rendrait l'opération de Reverse Engineering beaucoup plus délicate, car l'identification des nouveaux diagrammes à produire et des classes à faire apparaître dans ces diagrammes n'est pas évidente. Il est difficile d'automatiser ces opérations, dont le résultat dépend beaucoup de l'expérience de celui qui les réalise. Les règles que nous donnons pour le Reverse Engineering sont facilement automatisables et doivent donc toujours produire le même résultat pour un code donné.

**35.** *Si vous aviez un modèle UML et le code Java correspondant, comment pourriez-vous savoir si le modèle UML a été construit à partir d'un Reverse Engineering ?*

Comme nous venons de le voir, l'application de nos règles de Reverse Engineering produit des résultats déterministes. Pour un code donné, pour un ensemble de règles donné, le résultat du Reverse Engineering sera toujours le même, alors qu'un être humain ne ferait pas toujours les mêmes choix et ajusterait ses décisions en fonction de divers facteurs. Dans notre cas, nous pouvons dire que, si le modèle contient, par exemple, des liens avec la classe ArrayList ou si toutes les associations sont navigables à l'une de leurs extrémités et que les multiplicités soient 0..1, alors le modèle a été obtenu par Reverse Engineering.

De façon générale, plus les mécanismes de Reverse Engineering sont « simples » à mettre en œuvre, plus ils sont identifiables, puisqu'ils n'autorisent pas de variété dans les traitements réalisés. Cependant, il est parfois possible de paramétrer l'opération de Reverse Engineering et donc de diversifier les traitements en fonction des particularités du code considéré (application complète, API Java, etc.).

## TD4. Rétroconception et patrons de conception

La figure 16 représente les relations entre les classes Synchronisateur et Calculateur. Un calculateur permet d'effectuer des calculs. Etant donné que n'importe qui peut demander à un calculateur d'effectuer des calculs, la classe Synchronisateur a été construite pour réguler les calculs.

Les personnes qui souhaitent demander la réalisation d'un calcul doivent passer par le synchronisateur (*via* l'opération calculer()). Celui-ci distribue les calculs aux différents calculateurs avec lesquels il est lié (c'est lui qui appelle l'opération calculer() sur les calculateurs). Un calculateur connaît le synchronisateur auquel il est relié grâce à la propriété sync de type Synchronisateur. Sa valeur doit être déterminée lors de la création des objets de type Calculateur.

**Figure 16**

*Classes*
Synchronisateur
*et* Calculateur

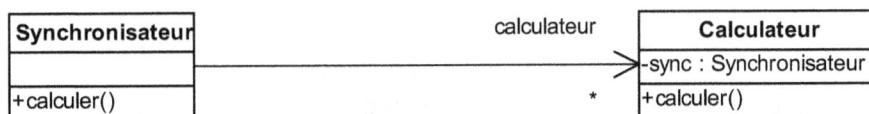

**36.** *Exprimez en les justifiant les dépendances entre les classes* Synchronisateur *et* Calculateur.

L'association navigable de la classe Synchronisateur vers la classe Calculateur établit une dépendance de la classe Synchronisateur vers la classe Calculateur. La propriété sync de type Synchronisateur de la classe Calculateur établit une dépendance de la classe Calculateur vers la classe Synchronisateur.

**37.** *Nous souhaitons que les classes* Synchronisateur *et* Calculateur *soient dans deux packages différents. Proposez une solution.*

Comme nous venons de le voir à la question précédente, il y a un cycle de dépendances entre les classes Calculateur et Synchronisateur. Nous ne pouvons nous contenter de les mettre dans deux packages différents, car il faudrait alors établir une dépendance mutuelle entre ces deux packages. Nous devons donc « déporter » une des causes du cycle de dépendances hors de sa classe d'origine.

Nous ne considérons que la classe Calculateur et choisissons de déporter l'opération calculer() de la classe Calculateur, qui est à l'origine de la dépendance de la classe Synchronisateur vers la classe Calculateur. L'association est là pour permettre à un synchronisateur d'identifier les calculateurs qui dépendent de lui et de pouvoir appeler leur opération calculer(). Nous créons donc une classe CalculateurSup, dont hérite la classe Calculateur et qui contient l'opération calculer(). L'association est de la sorte elle aussi déportée de la classe Calculateur vers la classe CalculateurSup.

Nous pouvons mettre dans un même package les classes Synchronisateur et CalculateurSup et dans un autre la classe Calculateur. Les dépendances sont alors internes à un package (association entre les classes Synchronisateur et CalculateurSup) ou du package contenant la classe Calculateur vers l'autre package (dépendances dues à la relation d'héritage de la classe CalculateurSup par la classe Calculateur et à la propriété de type Synchronisateur de la classe Calculateur).

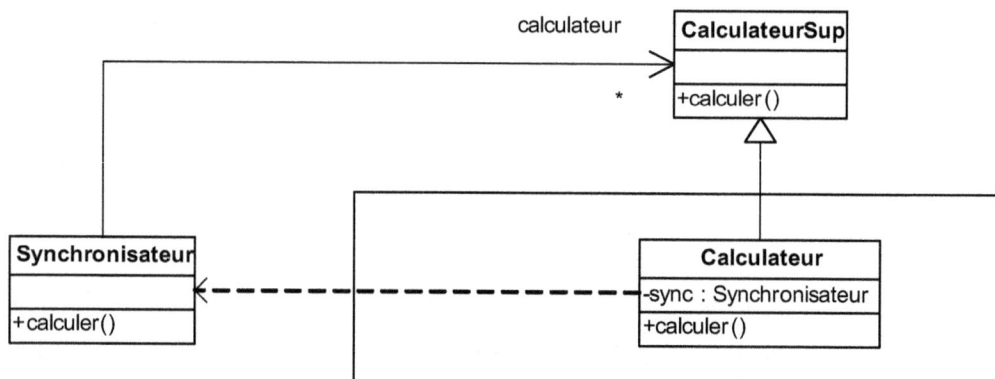

**Figure 17**

*Suppression du cycle de dépendances*

La figure 17 représente l'ensemble des liens existant entre les classes Synchronisateur, CalculateurSup et Calculateur. Nous avons matérialisé par un trait la séparation en deux packages. Il est à noter que l'opération calculer() est bien déclarée dans la classe `CalculateurSup`, alors qu'elle n'est que répétée dans la classe `Calculateur`, ce qui n'est pas obligatoire.

Nous pourrions aussi envisager de résoudre le problème en déportant la propriété `sync` de la classe `Calculateur`, mais cela ne ferait qu'« agrandir » le cycle de dépendances. La dépendance de la classe `Synchronisateur` vers la classe `Calculateur` ne peut être déportée, car elle est liée à l'opération `calculateur()`, qui reste dans la classe `Calculateur`. La classe `Calculateur` hérite de la classe `CalculateurSup`, qui, elle même, dépend de la classe `Synchronisateur` en raison de sa propriété.

La figure 18 représente cette mauvaise solution en mettant en évidence le cycle de dépendances.

**Figure 18**

*Échec de la suppression du cycle de dépendances*

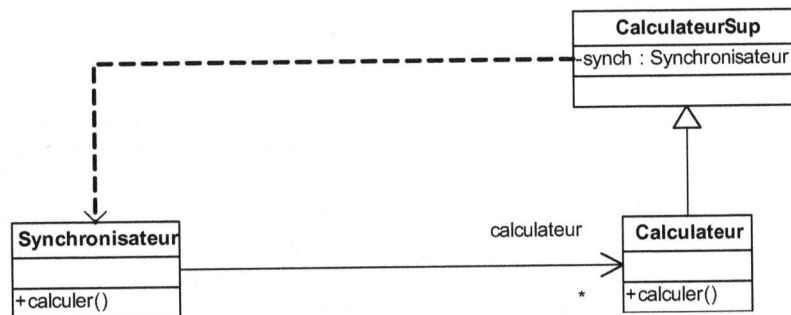

**38.** *Nous souhaitons ajouter à la classe* `Synchronisateur` *une opération* `ajouterCalculateur()` *qui permette d'assigner un calculateur à un synchronisateur, l'identité du calculateur étant un paramètre d'entrée de l'opération. Définissez cette opération.*

La seule difficulté est de faire attention à ne pas créer un cycle de dépendances en ajoutant cette opération. Les dépendances nouvelles créées lors de l'ajout d'une opération proviennent des paramètres de l'opération. Il ne faut absolument pas qu'une dépendance soit créée de la classe `Synchronisateur` vers la classe `Calculateur`. Le type du paramètre de l'opération doit donc être la classe `CalculateurSup`. L'opération à ajouter dans la classe `Synchronisateur` est alors `declarerCalculateur(in recepteur:CalculateurSup)`.

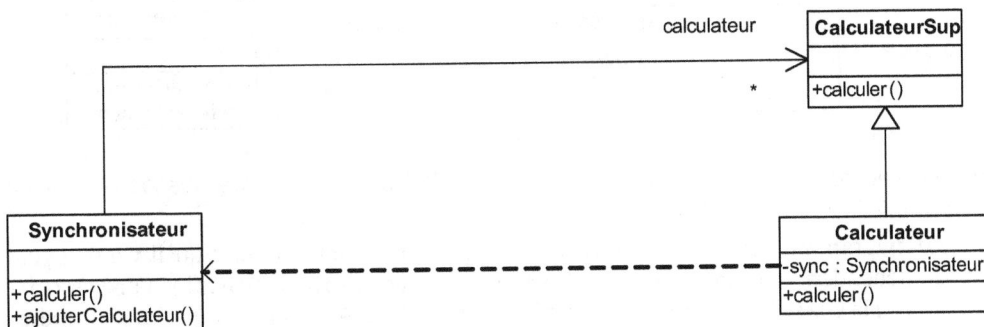

**Figure 19**

*Ajout de l'opération* `ajouterCalculateur()`

La figure 19 représente les trois classes Synchronisateur, CalculateurSup et Calculateur, ainsi que les liens établis entre ces classes.

**39.** *Nous souhaitons maintenant définir une classe représentant une barre de progression. Cette barre affiche l'état d'avancement du calcul (en pourcentage). Une barre de progression reçoit des messages d'un calculateur qui l'informe que l'état d'avancement du calcul a changé. Définissez cette classe.*

La figure 20 représente la classe BarreProgression, qui contient l'opération avancement().

**Figure 20**

*Classe*
BarreProgression

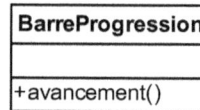

| **BarreProgression** |
|---|
| |
| +avancement() |

**40.** *Tout comme le synchronisateur, une barre de progression doit se déclarer auprès d'un calculateur. De plus, le calculateur doit offrir une opération permettant de connaître le pourcentage d'avancement du calcul. Définissez les associations et opérations nécessaires.*

Il faut modifier la classe Calculateur. La barre de progression devant se déclarer auprès du calculateur, c'est ce dernier qui contient l'opération declarerBarre(). Pour que le calculateur puisse identifier la barre qui se déclare, il faut que son identité soit passée en paramètre de l'opération.

Pour qu'une barre de progression puisse avoir accès à l'état d'avancement du calcul, il faut créer une association allant de la classe BarreProgression vers la classe Calculateur et l'opération getAvancement():integer dans la classe Calculateur. La multiplicité de l'association est 0..1 à l'extrémité du calculateur et 0..* à l'extrémité de la barre de progression. Une barre de progression est associée à au plus un calculateur, et nous faisons l'hypothèse qu'un calculateur est associé à plusieurs barres de progression.

La figure 21 représente les associations et opérations ajoutées aux classes BarreProgression et Calculateur.

**Figure 21**

*Classes*
BarreProgression *et*
Calculateur *après*
*modification*

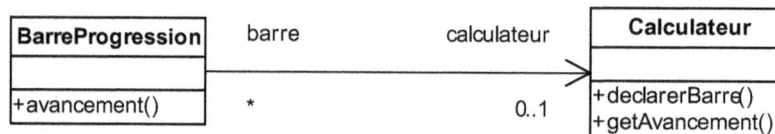

| **BarreProgression** | barre | calculateur | **Calculateur** |
|---|---|---|---|
| | | | |
| +avancement() | * | 0..1 | +declarerBarre()<br>+getAvancement() |

**41.** *Appliquez le patron de conception Observer, et faites en sorte que ces deux classes soient dans deux packages différents.*

Le diagramme donné en réponse à la question précédente montre qu'il y a un cycle de dépendances entre les classes BarreProgression et Calculateur. Il y a une association de la classe BarreProgession vers la classe Calculateur, et le paramètre de l'opération declarerBarre() de la classe Calculateur est de type BarreProgression. Nous devons donc « casser » ce cycle afin de pouvoir mettre les classes dans des packages différents.

Nous souhaitons le faire en appliquant le patron de conception Observer, ce qui est pertinent puisque le problème résolu par ce patron de conception est : « Créer un lien entre un objet source et plusieurs objets cibles permettant de notifier les objets cibles lorsque l'état de l'objet source change. De plus, il faut pouvoir dynamiquement lier à (ou délier de) l'objet source autant d'objets cibles que nous le voulons. »

Dans notre cas, l'objet Observer est la barre de progression et l'objet Subject le calculateur, puisque notre problème est d'informer la barre de progression des avancements du calculateur.

La classe Observer du patron de conception correspond à une abstraction de la classe BarreProgression dont cette dernière hérite. C'est elle qui doit contenir la méthode par laquelle la barre de progression est informée des avancements du calculateur. La classe Subject du patron de conception correspond à une abstraction de la classe Calculateur dont cette dernière hérite. Dans notre cas, cette classe contient l'équivalent de l'opération attach(in obs:Observer), qui, dans notre cas, est l'opération declarerBarre(in barre:Progression) ainsi que l'opération de notification à tous les observateurs (notify()). À l'aide de ce patron de conception, il est possible de faire une découpe en packages séparant les classes BarreProgression et Calculateur.

La figure 22 représente l'application du patron de conception Observer sur nos classes.

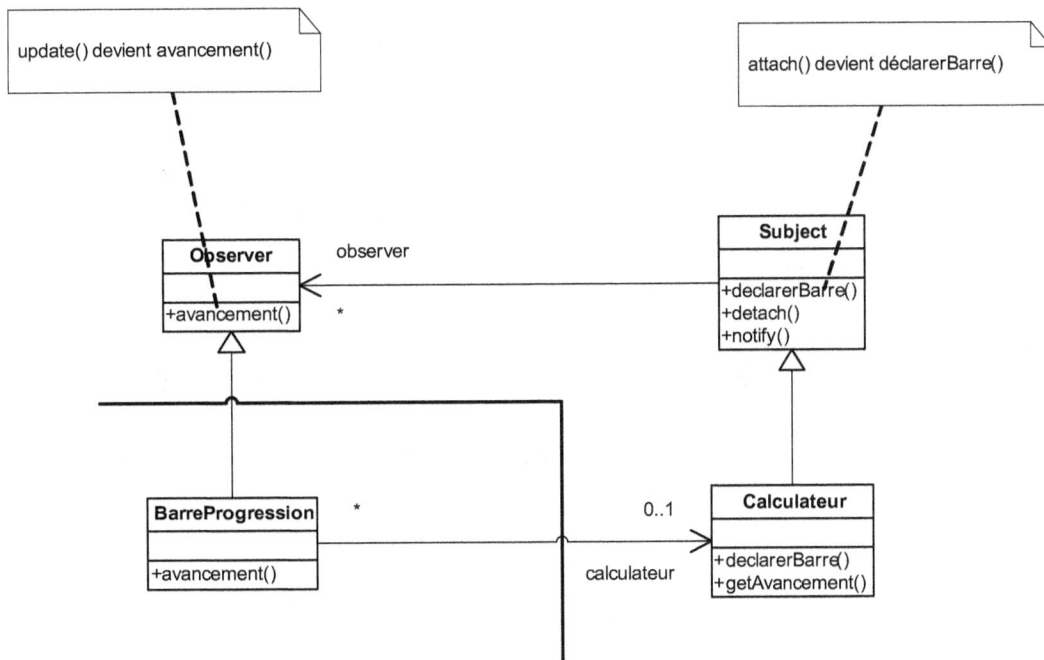

**Figure 22**

*Application du patron Observer*

## TD5. Génération de code

**42.** *Écrivez le code généré à partir de la classe* Document *illustrée à la figure 5.5.*

**Figure 23**

*Classe* Document

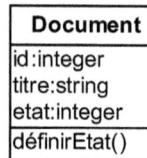

| **Document** |
| --- |
| id:integer |
| titre:string |
| etat:integer |
| définirEtat() |

D'après les règles de correspondance UML vers Java que nous avons définies, le code suivant est obtenu :

```
public class Document
{
    public int id;
    public String titre;
    public int etat;

    public void définirEtat(
        int etat)
    {
    }
}
```

Remarquons que les règles suivantes ont été appliquées :

- règle n° 1 pour la classe ;
- règle n° 3 pour toutes les propriétés de la classe ;
- règle n° 4 pour l'opération de la classe.

**43.** *Écrivez le code généré à partir de la classe* Bibliothèque *illustrée à la figure 24.*

**Figure 24**

*Classes*
Bibliothèque
*et* Document

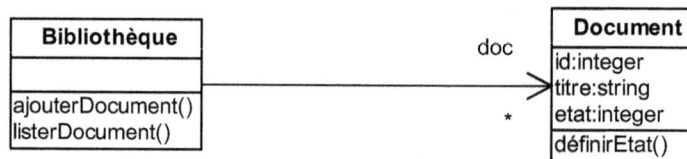

| **Bibliothèque** |
| --- |
| ajouterDocument() |
| listerDocument() |

doc

| **Document** |
| --- |
| id:integer |
| titre:string |
| etat:integer |
| définirEtat() |

*

D'après les règles de correspondance UML vers Java que nous avons définies, le code suivant est obtenu :

```
public class Bibliothèque
{
    public java.util.ArrayList doc = new java.util.ArrayList();
    public void ajouterDocument()
    {
    }

    public void listerDocument()
```

```
        {
        }
    }
```

Remarquons que les règles suivantes ont été appliquées :

- règle n° 1 pour la classe ;
- règle n° 4 pour les opérations de la classe ;
- règle n° 5 (deuxième version) pour l'association vers la classe Document.

**44.** *Écrivez le code généré à partir des classes* Livre, CD *et* Revue *représentées à la figure 25.*

**Figure 25**

*Classes* CD, Livre
*et* Revue

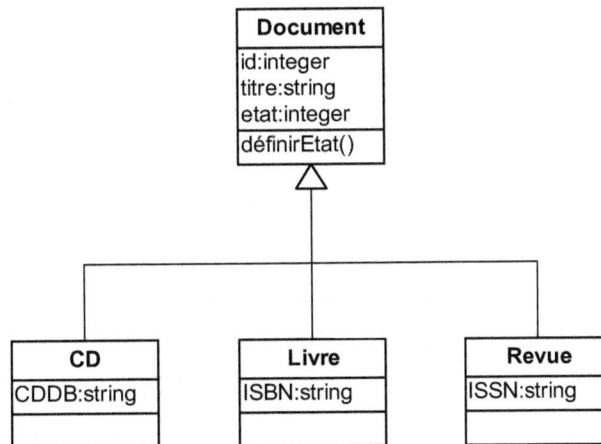

D'après les règles de correspondance UML vers Java que nous avons définies, et plus particulièrement grâce à la règle n° 6, le code suivant est obtenu :

```
public class CD extends Document {
    Public String CDDB;
}

public class Livre extends Document {
    Public String ISBN;
}

public class Revue extends Document {
    Public String ISSN;
}
```

**45.** *Écrivez le code généré à partir de l'association* CDdeLivre *représentée à la figure 26 après avoir défini les règles de génération de code que vous comptez utiliser.*

**Figure 26**

*Association*
CDdeLivre

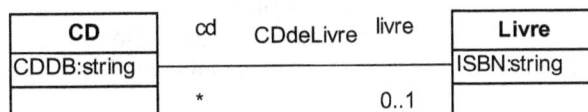

Aucune des règles de correspondance UML vers Java que nous avons rappelées au chapitre 5 ne permet de traiter les associations non navigables. Nous pouvons proposer la règle suivante :

Pour toute association non navigable, créer une classe Java. Le nom de la classe Java doit correspondre au nom de l'association. Pour chacunr des deux extrémités de l'association, créer un attribut dans la classe Java. Le nom de l'attribut doit correspondre au nom du crochet. Le type de l'attribut doit correspondre à la correspondance Java de la classe UML attachée à l'extrémité. Si l'extrémité spécifie que le nombre maximal d'objets pouvant être reliés est supérieur à 1, l'attribut Java est un tableau.

En appliquant cette règle à l'association CDdeLivre, nous obtenons le code suivant :

```
public class CDdeLivre {
    CD[] cd ;
    Livre livre ;
}
```

Les objets Java instances de cette classe permettront ainsi de représenter des liens entre un livre et des CD.

**46.** *Écrivez le code généré à partir des classes représentées à la figure 27 après avoir défini les règles de génération de code que vous comptez utiliser.*

**Figure 27**

*Héritage multiple*

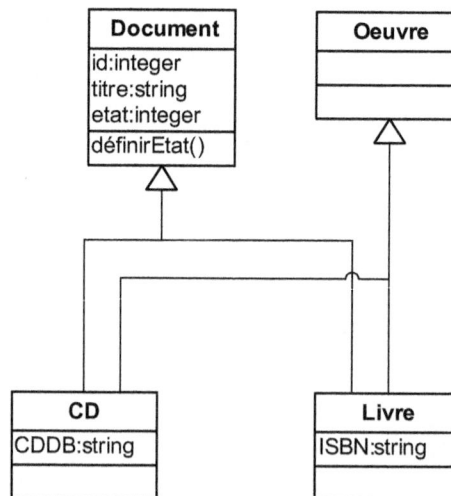

Aucune des règles de correspondance UML vers Java rappelées au chapitre 5 ne permet de traiter l'héritage multiple. Soulignons que la transformation d'un modèle à héritage multiple vers un modèle à héritage simple est un problème complexe très connu, mais sans solution facile à mettre en place. Nous pouvons cependant proposer la règle suivante, qui ne s'applique qu'à certains modèles, dont celui de notre question :

*Pour tout modèle à héritage multiple dont seule une classe héritée possède des propriétés (les autres classes héritées n'en possèdent pas) et dont toutes les classes héritées n'héritent pas d'autres classes, créer une classe Java pour la classe héritée qui possède des propriétés, créer une interface Java pour les autres classes héritées, créer une classe Java pour la classe qui hérite et faire en sorte que celle-ci étende la classe Java créée et réalise les interfaces Java créées.*

En appliquant cette règle à notre cas, nous obtenons le code ci-dessous.

Le code de la classe Document est le même que celui de la question 42 :

```
public interface Oeuvre {
}
```

Le code des classes CD et Livre change afin de réaliser l'interface Oeuvre :

```
public CD extends Document realize Œuvre {
}

public Livre extends Document realize Œuvre {
}
```

Un mécanisme d'update permet de faire remonter les modifications du code Java dans le modèle UML avec lequel il est déjà synchronisé. Par exemple, si nous considérons que le modèle UML et le code Java de la classe Bibliothèque sont synchronisés depuis la question 43 et que nous ajoutions dans le code l'attribut nom à la classe Bibliothèque, alors celui-ci apparaîtra dans le modèle UML après exécution de l'update.

Nous considérons pour l'instant que le mécanisme d'update correspond à une opération de Reverse Engineering du code Java, si ce n'est que les éléments du code qui n'apparaissaient pas dans le modèle y sont directement ajoutés.

**47.** *Construisez le modèle UML de la classe* Bibliothèque *(dont vous avez fourni le code à la question 43) obtenu par update après avoir ajouté dans le code Java les attributs* nom, adresse *et* type, *dont les types sont des string.*

Ces trois attributs, qui n'apparaissaient pas dans le modèle, y sont ajoutés selon les règles de correspondance du Reverse Engineering. Nous obtenons la classe représentée à la figure 28.

**Figure 28**

*Classe* Bibliothèque

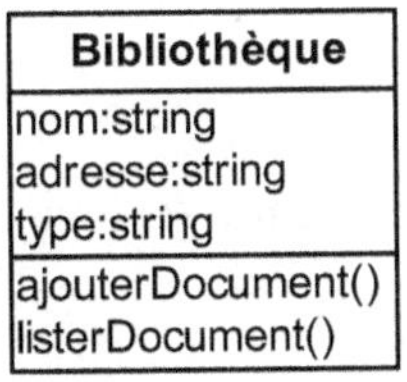

| Bibliothèque |
|---|
| nom:string |
| adresse:string |
| type:string |
| ajouterDocument() |
| listerDocument() |

**48.** *Nous voulons maintenant, toujours dans le code Java, changer l'attribut* type *en attribut* domaine. *Pensez-vous qu'il soit possible, après un update, que les deux attributs* type *et* domaine *puissent être présents dans le modèle ? Si oui, à quoi est dû ce comportement bizarre ?*

À la question précédente, nous avons défini l'update comme une opération ne faisant qu'ajouter de nouveaux éléments au modèle UML. De ce fait, les éléments ne sont jamais supprimés du modèle UML. L'update ne sait donc pas faire la différence entre l'ajout d'un nouvel attribut et la modification d'un attribut existant. Dés lors, il est tout à fait envisageable d'obtenir le modèle UML de la classe Bibliothèque représenté à la figure 29 avec les deux attributs type et domaine.

**Figure 29**

*Classe* Bibliothèque
*après modification
de la propriété* type
*en* domaine

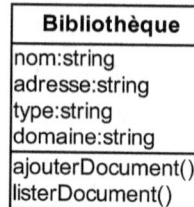

| Bibliothèque |
| --- |
| nom:string
adresse:string
type:string
domaine:string |
| ajouterDocument()
listerDocument() |

La synchronisation entre le modèle et le code n'est plus faite.

**49.** *Proposez un nouveau mécanisme d'update ne souffrant pas des défauts présentés à la question précédente.*

Ce nouveau mécanisme d'update doit être capable de faire la différence entre l'ajout d'un nouvel attribut et la modification d'un attribut existant.

Pour ce faire, l'update doit être capable de reconnaître chaque attribut Java et de vérifier qu'il n'existe pas une propriété correspondante dans le modèle UML. Si une propriété existe déjà, il faut la modifier. L'update doit donc lier les attributs Java aux propriétés UML pour chaque classe.

Ce lien ne peut se faire sur le nom des attributs et des propriétés. En effet, la modification du nom de l'attribut Java rendrait impossible la recherche de la propriété UML correspondante et entraînerait les mêmes problèmes de perte de synchronisation.

La solution classique à ce problème consiste, d'une part, à introduire dans le code Java des commentaires permettant d'identifier chaque attribut et, d'autre part, à lier ces identifiants aux identifiants des propriétés UML.

Le code suivant de la classe Bibliothèque illustre cette utilisation des commentaires :

```
public class Bibliothèque
{
    //attribut id1
    public String nom;

    //attribut id2
    public String adresse;

    //attribut id3
    public String type;

    public java.util.ArrayList doc = new java.util.ArrayList();
    public void ajouterDocument()
    {
    }

    public void listerDocument()
```

```
        {
        }
}
```

En liant ces identifiants aux identifiants des propriétés UML, il est possible de réaliser une correspondance entre chaque attribut Java et chaque propriété UML et ainsi d'effectuer les modifications des propriétés UML lorsque les attributs Java sont modifiés.

**50.** *Proposez le mécanisme inverse de l'update permettant de modifier un modèle UML déjà synchronisé avec du code et de mettre à jour automatiquement le code Java.*

Ce mécanisme ressemble fortement à l'update, si ce n'est qu'il s'appuie sur l'opération de génération de code. Les identifiants des attributs Java doivent tout autant être utilisés afin de permettre la modification des propriétés UML et la modification des attributs Java correspondants.

**51.** *Dans quelle approche de programmation par modélisation (Model Driven, Code Driven et Round Trip) ces mécanismes d'update sont-ils fondamentaux ?*

Ce mécanisme est réellement nécessaire pour l'approche Round Trip, qui permet la modification du modèle et du code à n'importe quel moment et doit donc assurer finement la synchronisation. Ce mécanisme n'est pas intéressant pour les approches Model Driven ou Code Driven, car ces deux approches n'utilisent l'opération de génération de code ou de Reverse Engineering qu'une fois.

## TD6. Diagrammes de séquence

L'application ChampionnatEchecs, qui doit permettre de gérer le déroulement d'un championnat d'échecs, est actuellement en cours de développement. L'équipe de développement n'a pour l'instant réalisé qu'un diagramme de classes de cette application *(voir figure 30)*.

**Figure 30**

*Classes de l'application* ChampionnatEchecs

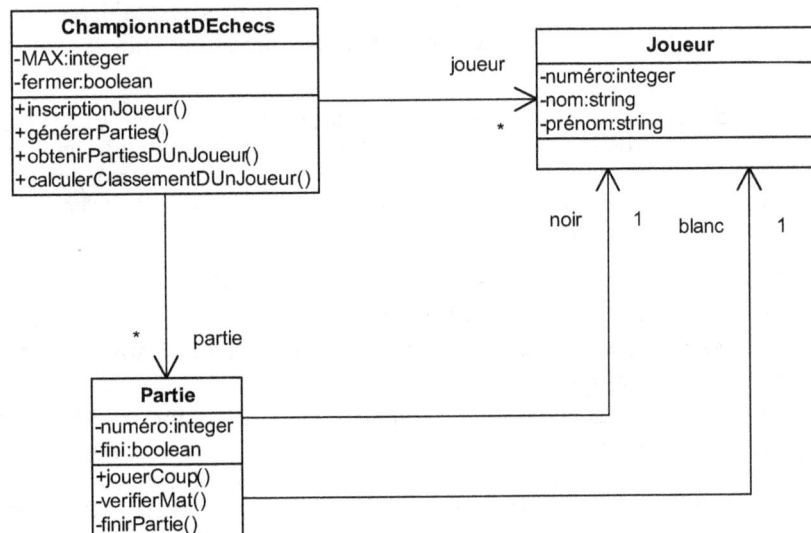

La classe `ChampionnatDEchecs` représente un championnat d'échecs. Un championnat se déroule entre plusieurs joueurs (voir classe `Joueur`) et se joue en plusieurs parties (voir classe `Partie`). La propriété `MAX` de la classe `ChampionnatDEchecs` correspond au nombre maximal de joueurs que le championnat peut comporter. La propriété `fermer` permet de savoir si le championnat est fermé ou si de nouveaux joueurs peuvent s'inscrire.

`ChampionnatDEchecs` possède les opérations suivantes :

- `inscriptionJoueur(in nom:string, in prénom:string)` : `integer` permettant d'inscrire un nouveau joueur dans le championnat si le nombre de joueurs inscrits n'est pas déjà égal à `MAX` et si le championnat n'est pas déjà fermé. Si l'inscription est autorisée, cette opération crée le joueur et retourne son numéro dans le championnat.
- `générerPartie()` : permet de fermer le championnat et de générer toutes les parties nécessaires.
- `obtenirPartieDUnJoueur(in numéro:integer):Partie[*]` : permet d'obtenir la liste de toutes les parties d'un joueur (dont le numéro est passé en paramètre).
- `calculerClassementDUnJoueur(in numéro:interger)` : `integer` permettant de calculer le classement d'un joueur (dont le numéro est passé en paramètre) pendant le championnat.

La classe `Partie` représente une des parties du championnat. La classe `Partie` est d'ailleurs associée avec la classe `ChampionnatDEchecs`, et l'association précise qu'un championnat peut contenir plusieurs parties. Une partie se joue entre deux joueurs. Un joueur possède les pièces blanches et commence la partie alors que l'autre joueur possède les pièces noires. Les associations entre les classes `Partie` et `Joueurs` précisent cela. La propriété `numéro` correspond au numéro de la partie (celui-ci doit être unique). La propriété `fini` permet de savoir si la partie a déjà été jouée ou non.

La classe `Partie` possède les opérations suivantes :

- `jouerCoup(in coup:string)` : permet de jouer un coup tant que la partie n'est pas finie. Le traitement associé à cette opération fait appel à l'opération `vérifierMat` afin de savoir si le coup joué ne met pas fin à la partie. Si tel est le cas, l'opération `finirPartie` est appelée.
- `vérifierMat()` : `boolean` permettant de vérifier si la position n'est pas mat.
- `finirPartie` : permet de préciser que la partie est finie. Il n'est donc plus possible de jouer de nouveaux coups.

La classe `Joueur` représente les joueurs du championnat. La classe `Joueur` est d'ailleurs associée avec la classe `ChampionnatDEchecs`, et l'association précise qu'un championnat peut contenir plusieurs joueurs. La propriété `numéro` correspond au numéro du joueur (celui-ci doit être unique). Les propriétés `nom` et `prénom` permettent de préciser le nom et le prénom du joueur.

Un championnat d'échecs se déroule comme suit :

- Un administrateur de l'application crée un championnat avec une valeur `MAX`.
- Les participants peuvent s'inscrire comme joueurs dans le championnat.
- L'administrateur crée l'ensemble des parties.
- Les participants, une fois inscrits, peuvent consulter leur liste de parties.
- Les participants, une fois inscrits, peuvent jouer leurs parties. Nous ne nous intéressons qu'aux coups joués par chacun des deux joueurs. Nous ignorons l'initialisation de la partie (identification du joueur qui a les pions blancs et donc qui commence la partie).
- Les participants peuvent consulter leur classement.

Dans les questions suivantes, nous allons spécifier des exemples d'exécution de `Cham-pionnatDEchecs` avec des diagrammes de séquence.

**52.** *Comment modéliser les administrateurs et les participants ?*

Les administrateurs et les participants ne font pas partie de l'application, mais ils l'utilisent. Voilà pourquoi, il n'existe pas de classe `Administrateur` ni `Participant`. Il est très important de distinguer le participant de l'instance de la classe `Joueur`. L'instance de la classe `Joueur` est un objet qui fait partie de l'application et qui contient différentes informations sur un participant.

Pour faire apparaître les participants et les administrateurs dans les diagrammes de séquence, il faut utiliser des objets non typés.

**53.** *Représentez par un diagramme de séquence le scénario d'exécution correspondant à la création d'un championnat et à l'inscription de deux joueurs. Vous assurerez la cohérence de votre diagramme avec le diagramme de classes fourni à la figure 30.*

Le diagramme de séquence solution représenté à la figure 31 contient six objets. L'objet `l'administrateur` n'est pas typé et représente l'administrateur. Les objets `MrBF` et `MrBS` ne sont pas typés non plus et représentent respectivement les deux participants au championnat. L'objet `um1One` est instance de la classe `ChampionnatDEchecs` et représente le championnat. Les objets `bf` et `bs` sont instances de la classe `Joueur` et représentent les deux joueurs du championnat.

Le diagramme de séquence spécifie que `l'administrateur` commence par créer l'objet `um1One` puis que `MrBF` et `MrBS` demandent à s'inscrire au championnat en donnant leur nom et leur prénom. En réponse aux deux demandes d'inscription, `um1One` créé les deux objets `bf` et `bs` instances de la classe `Joueur` et retourne les numéros d'identification des joueurs.

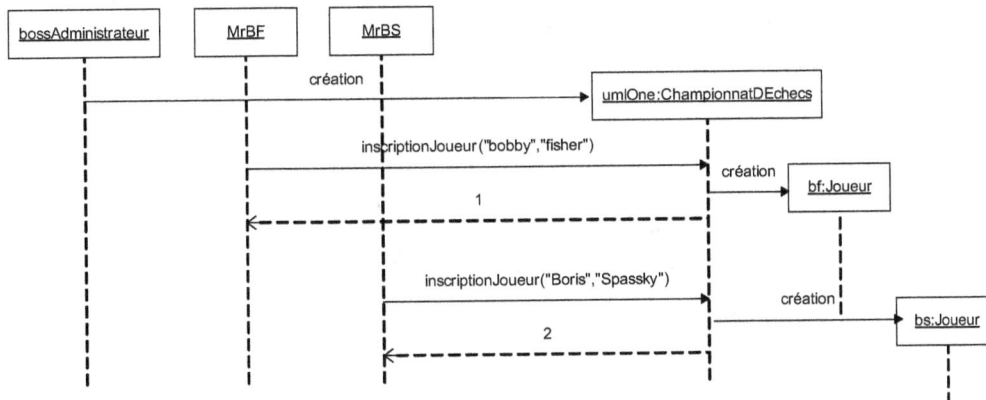

**Figure 31**

*Diagramme de séquence représentant des inscriptions*

**54.** *Représentez par un diagramme de séquence le scénario d'exécution correspondant à la création de l'ensemble des parties pour le championnat créé à la question 53. Vous assurerez la cohérence de votre diagramme avec le diagramme de classes fourni à la figure 30.*

Le diagramme de séquence solution représenté à la figure 32 contient trois objets. L'objet l'administrateur est le même qu'à la question 53. Il demande à l'objet umlOne de réaliser l'opération générerPartie(). Celui-ci, qui est aussi le même objet qu'à la question précédente, crée une seule partie, représentée par l'objet p1 instance de la classe Partie, car le championnat ne contient que deux joueurs.

**Figure 32**

*Diagramme de séquence représentant la génération des parties*

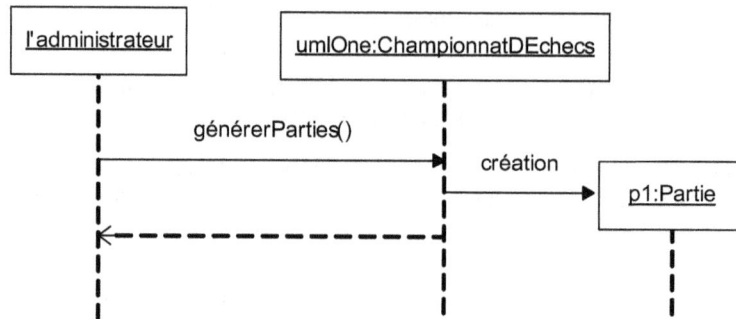

55. *Représentez par un diagramme de séquence le scénario d'exécution correspondant au déroulement de la partie d'échecs entre deux joueurs. Vous pouvez considérer une partie qui se termine en quatre coups. Vous assurerez la cohérence de votre diagramme avec le diagramme de classes fourni à la figure 30.*

Le diagramme de séquence solution représenté à la figure 33 contient trois objets. Les objets MrBF et MrBS sont les mêmes qu'à la question 53. L'objet p1 est le même qu'à la question 54. Ce diagramme spécifie les différents coups joués par les deux participants et le fait que nous vérifions à chaque coup que la position n'est pas mat. Au dernier coup, la position est mat. La partie est donc terminée.

56. *Est-il possible de générer automatiquement le code d'une opération de cette application à partir de plusieurs diagrammes de séquence ?*

Comme nous l'avons vu en cours, il n'est pas réellement possible de générer le code d'une opération. Cela est particulièrement flagrant avec l'opération jouerCoup. Nous voyons bien qu'il n'est pas possible de réaliser tous les diagrammes de séquence correspondant à toutes les exécutions possibles de cette opération.

57. *Est-il possible de construire des diagrammes de séquence à partir du code d'une application ?*

Lorsque nous disposons du code d'une application, il est possible de l'exécuter. De ce fait, il est possible de construire un diagramme de séquence représentant scrupuleusement cette exécution.

Par exemple, nous pourrions exécuter l'application de gestion de championnat d'échecs pour un championnat particulier et modéliser cette exécution dans un diagramme de séquence. Notons que cette fonctionnalité est par ailleurs souvent proposée par les outils du marché.

**Figure 33**

*Diagramme
de séquence
représentant
une partie*

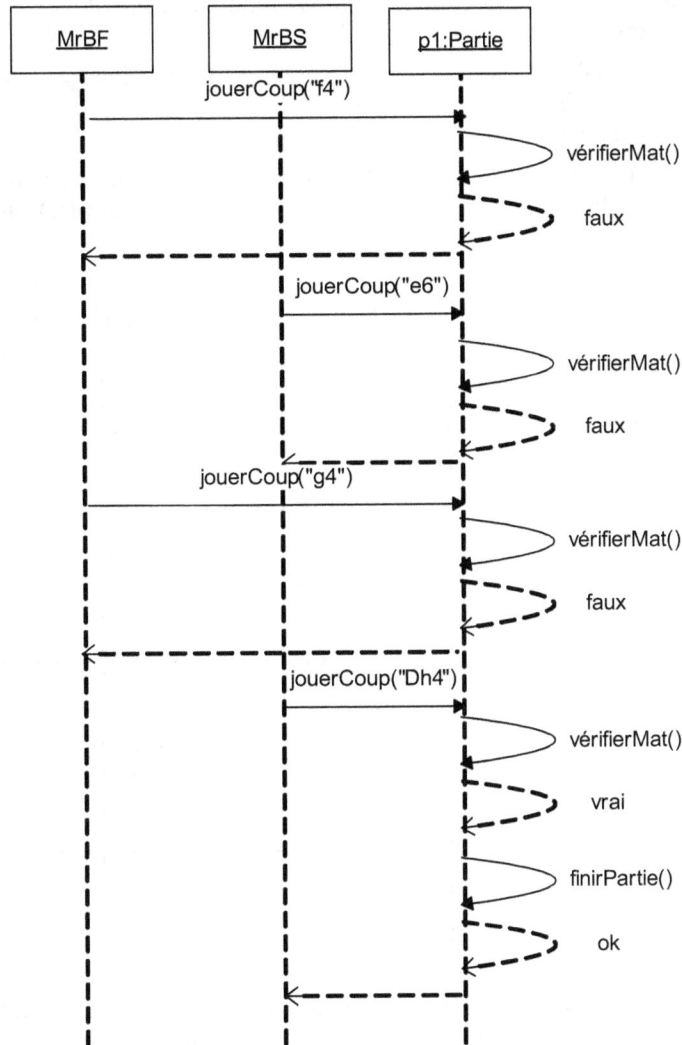

Il est important de noter que les diagrammes obtenus ne représentent qu'une exécution de l'application. L'ensemble des diagrammes de séquence obtenus à partir du code de l'opération ne peuvent donc être utilisés ultérieurement à des fins de génération automatique de code.

Une équipe de développement souhaite réaliser une application Calculus permettant à des utilisateurs d'effectuer des opérations arithmétiques simples sur des entiers : addition, soustraction, produit, division. Cette application a aussi une fonction mémoire, qui permet à l'utilisateur de stocker un nombre entier qu'il pourra ensuite utiliser pour n'importe quelle opération. Les opérations peuvent s'effectuer directement sur la mémoire. L'utilisateur se connecte et ouvre ainsi une nouvelle session. Puis, dans le cadre d'une session, il peut demander au système d'effectuer une suite d'opérations.

**58.** *Utilisez des diagrammes de séquence pour représenter les différents scénarios d'exécution du service* `Calculus`.

L'objectif de cette question est d'illustrer le fait qu'il est possible de commencer à modéliser une application par l'élaboration de séquences plutôt que par l'élaboration de classes.

Le diagramme représenté à la figure 34 spécifie une demande de création de session puis la réalisation d'une addition et d'une multiplication.

**Figure 34**

*Diagramme de séquence représentant une addition et une multiplication*

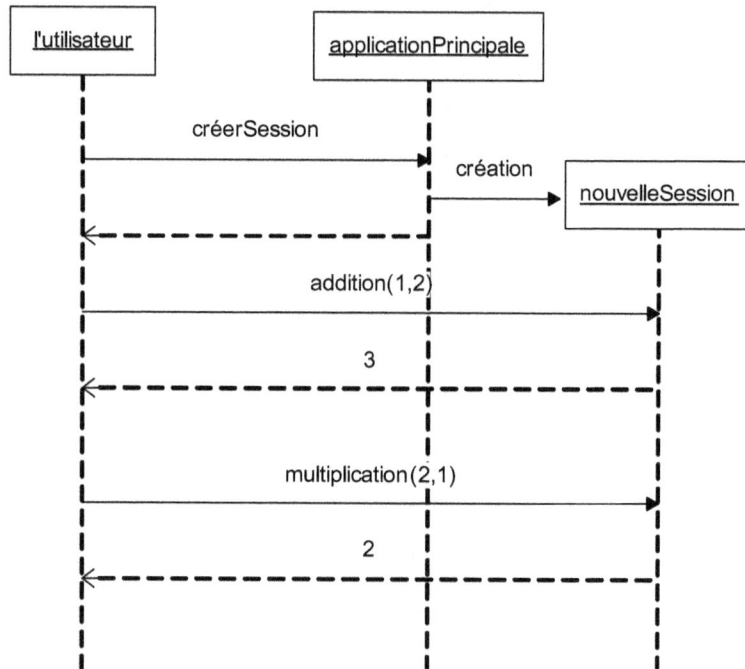

Le diagramme représenté à la figure 35 spécifie une demande de création de session puis l'affectation de la mémoire à 2, puis l'ajout de 2 à la mémoire (la mémoire contient donc 4).

**59.** *Pour chacune des instances apparaissant dans votre diagramme de classes, créez la classe correspondante.*

Les diagrammes de séquence que nous avons proposés à la question 58 nous permettent de proposer le diagramme de classes représenté à la figure 36.

Ainsi, l'objet `applicationPrincipale` est-il instance de la classe `ApplicationArtihmétique` et l'objet `nouvelleSession` est-il instance de la classe `Session`. En multipliant ainsi les diagrammes de séquence, nous pouvons obtenir un diagramme de classes beaucoup plus complet.

**Figure 35**

*Diagramme
de séquence
représentant
un ajout
dans la mémoire*

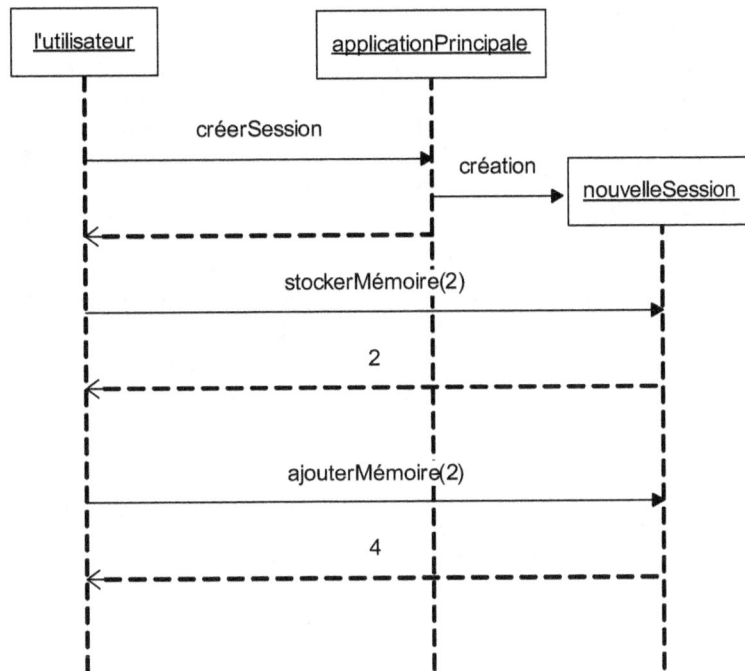

**Figure 36**

*Classe*
ApplicationArithmétique

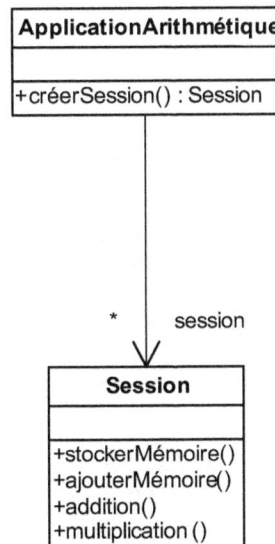

Nos diagrammes de séquence ne font pas apparaître les opérations `soustraction()`, `division()`, `soustraireMémoire()`, `diviserMémoire()`, `multiplierMémoire()`, etc., que l'application devrait logiquement offrir. Comme nous déduisons notre diagramme de classes des diagrammes de séquence, il est logique que ces opérations n'apparaissent pas non plus dans la classe `Session`.

## TD7. Diagrammes de séquence de test

La classe Partie de l'application de gestion de championnat d'échecs présentée au TD6 représente une partie d'échecs. Elle permet aux joueurs de jouer leur partie en appelant l'opération jouerCoup(). Chaque fois qu'un coup est joué, l'opération vérifierMat() est appelée afin de vérifier que la position n'est pas mat. Si tel est le cas, la partie est finie. Aucun coup ne peut alors être joué (voir TD6 pour la modélisation de classe Partie ainsi qu'un diagramme de séquence spécifiant un cas nominal de déroulement d'une partie entre deux joueurs).

**60.** *Identifiez une faute qui pourrait intervenir lors du déroulement d'une partie.*

Une faute potentielle serait que l'opération vérifierMat() ne retourne pas vrai alors que la partie est réellement mat. Si tel était le cas, la partie ne serait pas finie, et les joueurs pourraient continuer à jouer leurs coups.

À l'inverse, une autre faute serait que l'opération vérifierMat() retourne vrai alors que la partie n'est pas mat. Si tel était le cas, la partie serait finie, et les joueurs ne pourraient plus continuer à jouer leurs coups.

**61.** *Définissez un cas de test abstrait visant à révéler cette faute.*

Si nous nous concentrons sur la première faute que nous avons identifiée à la question 60, un cas de test abstrait visant à révéler cette faute serait de simuler le jeu d'une partie jusqu'à un mat. Le résultat attendu serait que la partie soit fermée à l'issue de la simulation.

**62.** *Construisez un diagramme de séquence de test modélisant le cas de test abstrait de la question précédente.*

Comme illustré à la figure 37, le diagramme de cas de test doit contenir le testeur (objet à gauche du diagramme). Celui-ci doit créer l'objet à tester (l'objet instance de la classe Patie), puis le testeur doit stimuler l'objet à tester. Dans notre cas, le testeur fait semblant de jouer une partie jusqu'au mat. Enfin, le diagramme de cas de test doit spécifier le résultat attendu. Dans notre cas, la partie doit être finie.

La suite de coups représentée dans le diagramme suivant correspond à une partie réelle amenant au mat du roi blanc en quatre coups.

**63.** *Écrivez le pseudo-code Java du cas de test exécutable correspondant au cas de test abstrait de la question précédente.*

En suivant les règles de correspondance décrites dans le cours, nous obtenons le code suivant :

```
public class Test extends TestCase{
    public void testExecutable() {
        p1 = new Partie();
        p1.jouerCoup("f4") ;
        p1.jouerCoup("e6") ;
        p1.jouerCoup("g4") ;
        p1.jouerCoup("Dh4") ;
        assertTrue(p1.fini) ;
    }
}.
```

**Figure 37**

*Diagramme
de séquence de test
de la classe* Partie

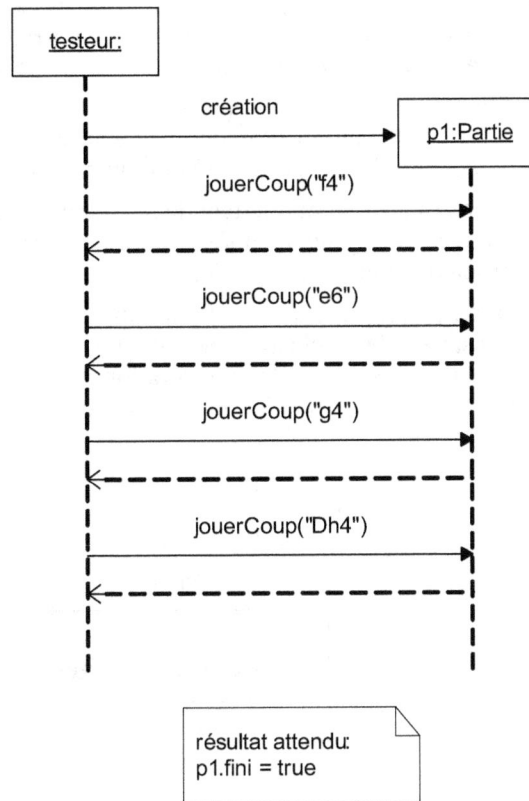

La dernière ligne de ce code permet de vérifier que la partie est bien terminée.

**64.** *Si ce cas de test ne révèle pas de faute, est-ce que cela signifie que l'application ne contient pas de défaillance ?*

Absolument pas. Cela signifie simplement que, pour cette suite de coups (f4, e6, g4, Dh4), l'application ne révèle pas de faute. Une autre suite de coups pourrait révéler une faute qui indiquerait que l'application contient une défaillance.

**65.** *Combien de cas de test faudrait-il élaborer pour améliorer la qualité de l'application ?*

Malheureusement, réaliser un grand nombre de cas de test n'offre pas plus de garantie sur la non-existence de défaillance dans une application. Cela se voit bien dans ce cas, puisqu'il faudrait réaliser un cas de test abstrait pour chaque partie d'échecs imaginable.

L'application permettant la gestion de championnat d'échecs contient aussi la classe ChampionnatDEchecs, qui est associée à la classe Partie et qui permet de gérer l'inscription des joueurs et la création des parties (voir TD6).

**66.** *Identifiez une faute qui pourrait intervenir lors de la création des parties d'un championnat. Définissez un cas de test abstrait visant à révéler cette faute, et construisez un diagramme de séquence de test modélisant ce cas de test abstrait.*

Une faute potentielle serait que toutes les parties du championnat ne soient pas créées ou qu'il y en ait plus que nécessaire. Il serait alors impossible à tous les joueurs de jouer leurs parties ou la fin du championnat ne serait jamais atteinte.

Un cas de test abstrait permettant de révéler cette faute serait de construire un championnat avec deux joueurs et de vérifier qu'après construction des parties, il existe bien exactement une seule partie.

Le diagramme représenté à la figure 38 spécifie ce cas de test abstrait. Le testeur crée l'instance de la classe `ChampionnatDEchecs`. Il simule ensuite l'inscription de deux joueurs puis demande la génération des parties. Le résultat attendu est que le championnat ne contienne qu'une seule partie.

**Figure 38**

*Diagramme de séquence de test de la classe* ChampionnatDEchecs

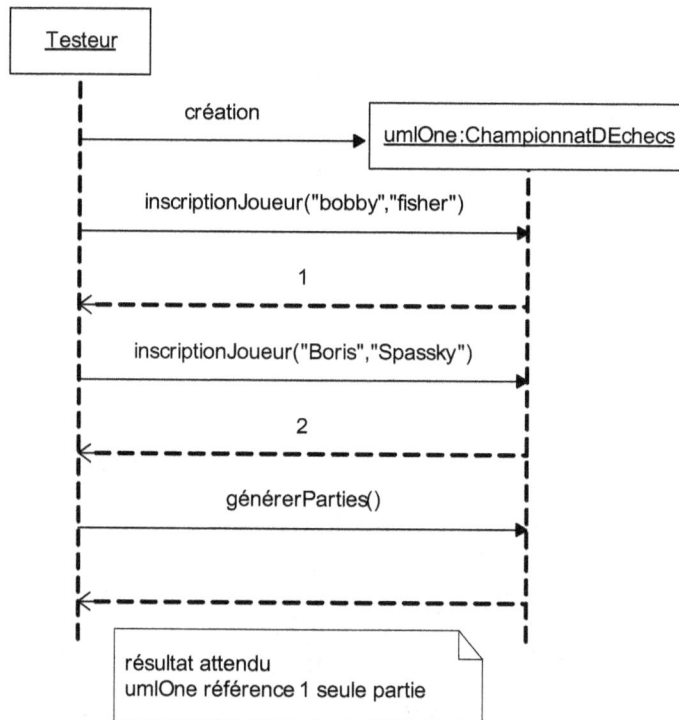

**67.** *Est-il possible de lier les deux cas de test abstrait que vous avez définis (un à la question 61, l'autre à la question 66) ?*

Il est en effet possible de démarrer le cas de test abstrait de la question 61 après le cas de test abstrait de la question 66. Pour ce faire, il faudrait modifier un peu le cas de test de la question 61 afin de préciser que le testeur n'a pas à créer la partie à tester mais peut l'obtenir puisqu'elle est liée au championnat déjà créé.

# TD8. Plates-formes d'exécution

**68.** *Le diagramme de classes de l'agence de voyage représenté à la figure 39 correspond-t-il à un modèle conceptuel ou à un modèle physique ?*

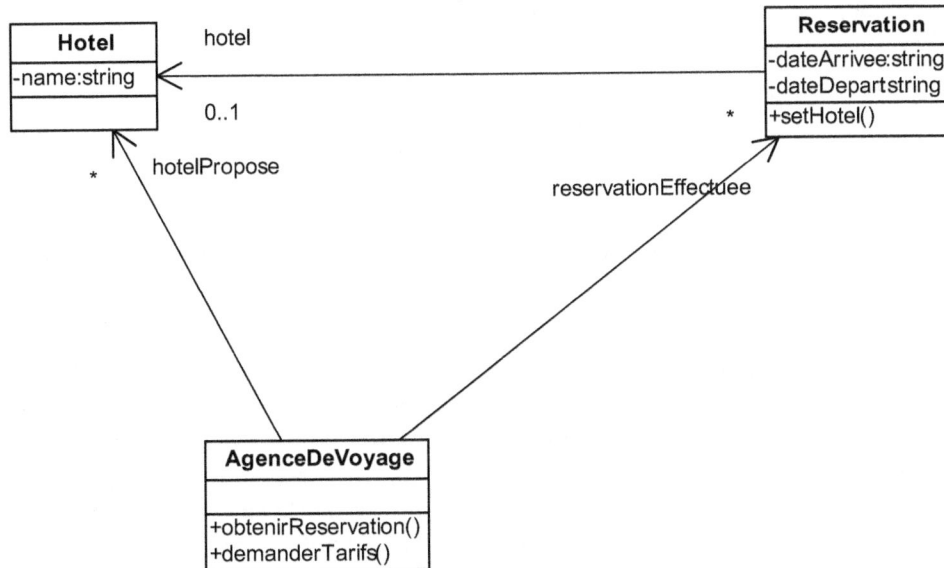

**Figure 39**
*Classes de l'agence de voyage*

L'application « agence de voyage » doit gérer les réservations d'hôtels effectuées par des clients. Les trois classes qui apparaissent dans le diagramme sont les objets métier de l'application. Les opérations offertes par ces classes sont les fonctions que nous souhaitons pouvoir réaliser lors de la réservation d'un hôtel : obtenir les tarifs d'un hôtel et effectuer la réservation. Le diagramme représente donc les objets et fonctions métier. Aucune information ne nous permet de l'assimiler à un modèle physique : il n'y a pas de classe Java et il n'y a pas de classe ne représentant pas un objet métier. Nous pouvons donc dire qu'il s'agit d'un modèle conceptuel.

**69.** *Pensez-vous qu'il soit intéressant d'appliquer des patrons de conception sur les modèles conceptuels ?*

Tout dépend du but dans lequel le patron de conception est utilisé.

Si l'objectif est de « casser » les dépendances et/ou de proposer une découpe du modèle en packages, cela peut être intéressant. Nous obtenons des classes abstraites, des interfaces, des associations, des packages, etc., et ces objets ont tout à fait leur place dans un modèle 100 % UML sans qu'il soit nécessaire de le lier à Java. Ils sont donc pertinents dans un modèle conceptuel.

Si l'objectif est d'appliquer les patrons en vue de bénéficier du code qu'ils proposent, cela n'est pas intéressant, car nous intégrons à un modèle conceptuel des contraintes spécifiques à une plate-forme d'exécution.

Prenons l'exemple du patron de conception Singleton.

Ce patron fait en sorte qu'il n'y ait qu'une seule et unique instance d'une classe dans une application. La mise en place de ce patron ne se fait que par du code (Java par exemple) :

```
public class A {
    static singleton = new A();
    public A () {
        return singleton ;
}
```

Ce patron de conception n'est donc pas applicable en 100 % UML (modèle conceptuel), car sa mise en place nécessite l'intégration de code dans le modèle. Le patron de conception Observer, que nous avons déjà vu, est en partie applicable, car une partie de son utilisation consiste en la création de classes et d'associations entre elles (découpe en classe abstraite, héritage, etc.). Par contre, le code des opérations du patron de conception n'est pas utilisable (méthodes attach(), notifyAll(), etc.) puisqu'il ne s'agit pas d'informations 100 % UML.

Nous venons de voir que l'application de patrons de conception au niveau conceptuel était possible et utile mais qu'elle devait être effectuée avec précaution pour ne pas introduire des considérations physiques là où elles ne doivent pas se trouver.

**70.** *Le diagramme de séquence représenté à la figure 40 est-il conceptuel ou physique ? Notez qu'il fait intervenir une opération qui n'apparaît pas dans le diagramme de classes initial. Quelle classe doit posséder cette opération ?*

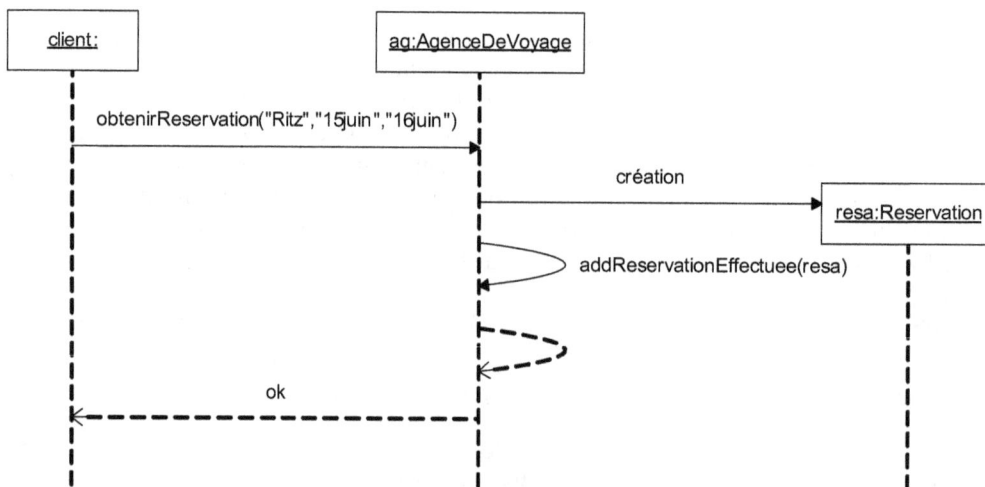

**Figure 40**

*Interaction représentant une réservation*

Les classes nommées qui apparaissent dans ce diagramme de séquence sont les classes du modèle conceptuel. Il s'agit donc d'un diagramme de séquence conceptuel. Un diagramme de séquence d'un certain niveau d'abstraction ne peut faire intervenir que des classes du même niveau d'abstraction.

L'opération qui a été ajoutée est `addReservationEffectuee()`. Le diagramme de séquence montre qu'elle doit être mise dans la classe `AgenceDeVoyage` et qu'il s'agit d'une opération interne à cette classe.

**71.** *Serait-il possible de spécifier en 100 % UML le comportement de l'agence de voyage ?*

Les modèles UML que nous considérons utilisent les diagrammes de séquence pour représenter la partie comportementale d'une application. Pour pouvoir spécifier en 100 % UML le comportement de l'agence de voyage, il faudrait donc produire un ensemble de diagrammes de séquence représentant de manière exhaustive l'ensemble des comportements possibles de l'application. En règle générale, c'est impossible puisque le nombre de diagrammes à produire est trop important.

Dans notre cas, c'est totalement impossible, parce qu'un certain nombre de données peuvent prendre un nombre infini de valeurs (attributs de type string) et que les diagrammes de séquence doivent prendre en compte toutes les valeurs possibles. Nous ne pouvons donc pas spécifier en 100 % UML le comportement de l'agence de voyage à l'aide de diagrammes de séquence.

Il est important de noter que si d'autres diagrammes UML sont pris en considération, le problème peut trouver une solution en 100 % UML. Nous avons pris le parti dans ce cours de ne présenter que les trois plus importants des diagrammes UML, car ils sont suffisants pour l'approche que nous utilisons.

**72.** *Serait-il possible de spécifier en 100 % UML des tests pour l'agence de voyage ? Justifiez l'intérêt de ces tests.*

Oui, rien ne l'empêche. Il faut toutefois avoir conscience que ces tests seraient des tests abstraits, donc non exécutables. Il faudrait dès lors faire les tests physiques correspondants pour qu'ils soient exécutables après génération du code.

**73.** *Le diagramme représenté à la figure 41 est une concrétisation du diagramme conceptuel de l'agence de voyage. Exprimez les relations d'abstraction entre les éléments des deux diagrammes.*

Il s'agit d'identifier les relations d'abstraction entre les éléments du diagramme physique et ceux du diagramme conceptuel. Les éléments à considérer sont les classes et les associations. Il faut garder en mémoire que tout élément du niveau conceptuel doit être associé à au moins un élément du niveau physique. L'inverse n'est pas vrai.

Nous devons donc trouver les éléments représentant la concrétisation de :

- la classe `Hotel` ;
- la classe `Reservation` ;
- la classe `AgenceDeVoyage` ;
- l'association `hotelPropose` ;

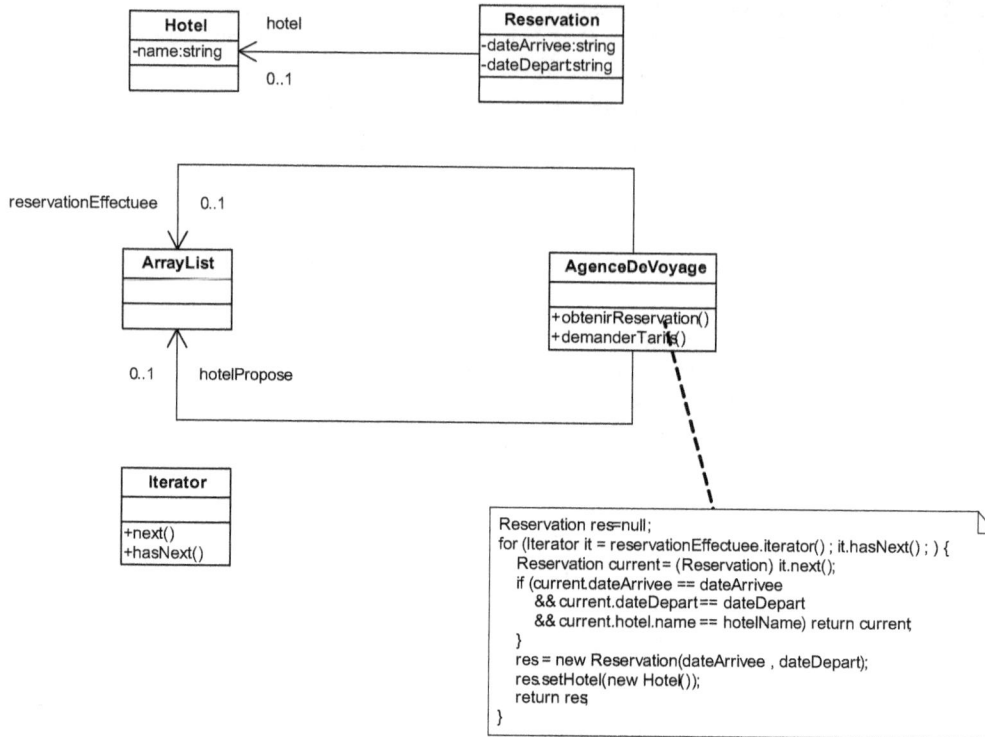

**Figure 41**

*Classes du niveau physique de l'agence de voyage*

- l'association `hotel` ;
- l'association `reservationEffectuee`.

Pour les classes, c'est assez facile et naturel. Chaque classe du modèle conceptuel est l'abstraction de la classe de même nom du modèle physique. L'association `hotel` de multiplicité 0..1 est concrétisée par l'association de même nom avec la même multiplicité. Les associations `hotelPropose` et `reservationEffectuee` sont un peu plus délicates à gérer car elles ont une multiplicité *. Elles sont concrétisées par l'association de même nom, et la classe `ArrayList` est utilisée pour représenter la multiplicité *. La classe `ArrayList` participe donc à la concrétisation de deux relations. Il faut noter que la classe `Iterator` n'est la concrétisation d'aucune classe du niveau conceptuel.

Les relations d'abstraction entre diagrammes de classes peuvent être ajoutées aux diagrammes UML.

**74.** *Quel est l'intérêt d'avoir fait apparaître les classes `ArrayList` et `Iterator` dans le modèle concret (considérez en particulier la génération de code et le Reverse Engineering) ?*

L'intérêt est d'avoir un modèle physique très proche du code Java. Ainsi, l'opération de génération de code (et de Reverse Engineering) est-elle beaucoup moins complexe et donc beaucoup plus sûre. Mais, comme nous l'avons vu avec la classe `ArrayList` et les deux associations du niveau conceptuel à la concrétisation desquelles elle participe, établir les relations d'abstraction entre le modèle conceptuel et les éléments physiques très près du code n'est pas simple. La classe `Iterator` nous montre en outre que certains éléments du modèle physique ne sont reliés avec aucun élément du modèle conceptuel. Elle est juste présente pour la génération de code Java.

En fait, plus le modèle physique est proche de Java, moins la génération de code est complexe, mais plus les relations d'abstraction sont importantes et complexes. À l'inverse, moins le modèle physique est proche de Java, plus la génération de code est complexe, mais l'établissement des relations d'abstraction en est normalement facilité.

**75.** *Construisez le diagramme de séquence concrétisant le diagramme de séquence présenté à la question 70.*

Il s'agit quasiment du même diagramme, si ce n'est que le `addReservationEffectuée` devient `add` et se fait directement sur l'instance de `ArrayList` liée à l'objet `ag`. Cette instance de `ArrayList` est identifiée par `reservationEffectuee` dans le diagramme représenté à la figure 42.

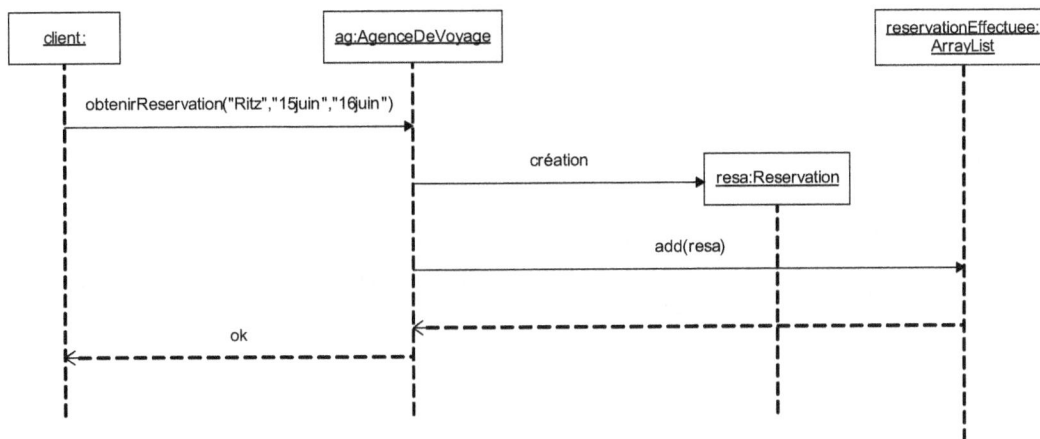

**Figure 42**

*Interaction du niveau physique représentant une réservation*

**76.** *Exprimez les relations d'abstraction entre les diagrammes de séquence.*

Les relations d'abstraction ne peuvent apparaître entre diagrammes de séquence. Notre modèle ne nous permet donc pas de les exprimer.

# TD9. Diagrammes de cas d'utilisation

Le diagramme de cas d'utilisation de la figure 43 représente les fonctionnalités d'une agence de voyage classique.

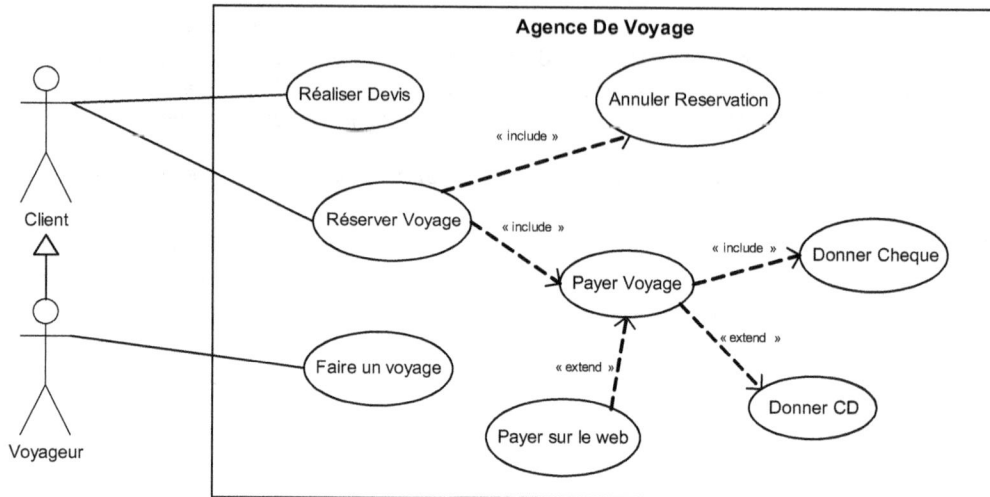

**Figure 43**

*Diagramme de cas d'utilisation de l'agence de voyage*

**77.** *Commentez les acteurs du diagramme de cas d'utilisation.*

L'acteur `Client` représente les clients de l'agence et l'acteur `Voyageur` représente les voyageurs. Comme il s'agit d'entités externes à l'application, rien ne garantit qu'un voyageur soit obligatoirement client de l'agence. Donc, même si certains voyageurs peuvent être clients de l'agence, il ne faut pas mettre de relation d'héritage entre ces deux classes.

**78.** *Commentez les cas d'utilisation du diagramme de cas d'utilisation.*

Ce diagramme laisse croire que c'est l'agence de voyage qui s'occupe de la réalisation du voyage, ce qui n'est généralement pas le cas. L'agence se charge normalement de vendre des voyages réalisés par d'autres. Il n'est dès lors pas souhaitable d'associer ce cas d'utilisation à l'application « agence de voyage ». Nous supprimons donc ce cas, et, en conséquence, nous supprimons l'acteur `Voyageur`, qui n'est plus relié à aucun cas d'utilisation du diagramme.

Le diagramme d'utilisation de cette question représente les fonctionnalités du système vis-à-vis des entités externes qui interagissent avec lui. Il s'agit du diagramme de cas d'utilisation décrivant les fonctionnalités de l'application au niveau besoin. Il ne faut donc faire apparaître que les fonctionnalités du système (quels services rend le système ?) et ne donner aucune information sur la façon dont ces fonctionnalités sont réalisées (comment les services sont rendus ?).

Les relations d'inclusion (include) représentent une découpe fonctionnelle. Elles nous informent que, pour réaliser le cas d'utilisation Reserver Voyage, il peut être nécessaire de réaliser les cas d'utilisation Annuler Reservation et Payer Voyage. Ces informations n'ont rien à faire au niveau besoin ; il s'agit d'informations qui ont leur place au niveau conceptuel. Il en va de même des relations d'inclusion entre le cas d'utilisation Payer Voyage et les cas d'utilisation Donner Cheque et Donner CB.

La relation d'extension (extend) représente l'ajout d'une fonctionnalité non prévue initialement dans le cas d'utilisation Payer Voyage. Ici, il a été ajouté la possibilité de payer la réservation par le Web. Dans ce cas précis, cette extension n'est pas justifiée, car ce cas d'utilisation ne présente pas une extension de comportement mais un troisième moyen de paiement, lequel n'a pas davantage sa place dans ce diagramme que les deux précédents.

Il est important de retenir que l'application doit offrir au client la possibilité de faire une réservation, de payer une réservation, d'annuler une réservation et d'obtenir un devis.

La figure 44 représente le diagramme de cas d'utilisation que nous obtenons.

**Figure 44**

*Diagramme de cas d'utilisation de l'agence de voyage après correction*

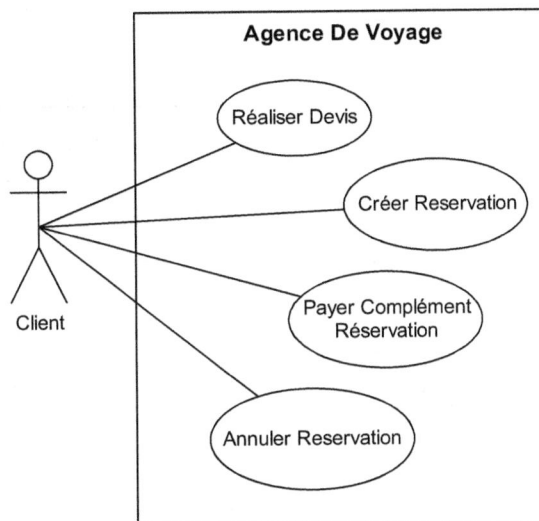

**79.** *Donnez la liste des acteurs du système.*

Nous souhaitons réaliser le diagramme de cas d'utilisation du championnat d'échecs présenté au TD6.

La description de l'application donnée au TD6 nous permet d'en identifier trois : l'administrateur, le participant, qui représente un individu qui va s'inscrire à un championnat, et le joueur, qui représente un individu inscrit à un championnat et qui peut donc participer aux parties auxquelles il est inscrit.

Il ne faut pas établir de lien d'héritage entre les acteurs Participant et Joueur, car tous les participants ne sont pas des joueurs. Ils ne le deviendront qu'après s'être inscrits. Or tous les joueurs ne sont pas obligatoirement des participants puisque rien n'oblige un joueur à s'inscrire à un nouveau championnat.

**80.** *Donnez la liste des cas d'utilisation du système en les liant aux acteurs.*

Les cas d'utilisation associés à l'administrateur sont :

- créer un championnat ;
- créer l'ensemble des parties associées à un championnat.

Les cas d'utilisation associés au participant sont :

- s'inscrire à un championnat.

Les cas d'utilisation associés au joueur sont :

- consulter le calendrier lui donnant les informations sur sa liste de parties ;
- jouer les parties d'un championnat ;
- consulter son classement.

**81.** *Donnez le diagramme de cas d'utilisation du système.*

Le diagramme de la figure 45 représente les cas d'utilisation de l'application du championnat d'échecs.

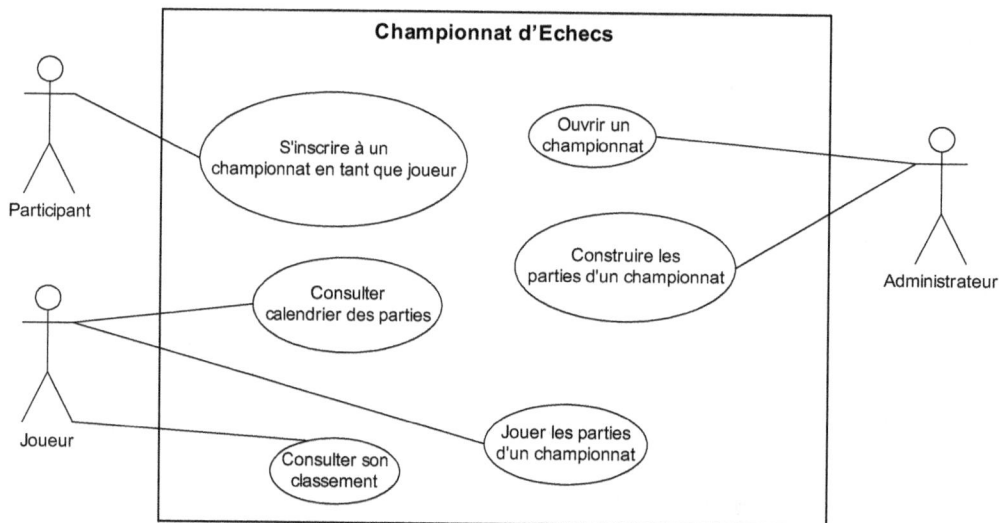

**Figure 45**

*Diagramme de cas d'utilisation du composant* Championnat d'Echecs

**82.** *Reprenez les diagrammes de séquence réalisés au TD6 pour l'application de championnat d'échecs, et expliquez comment les relier au diagramme de cas d'utilisation obtenu à la question précédente.*

Il faut juste faire le lien entre les objets non typés des diagrammes de séquence et les acteurs du diagramme de cas d'utilisation. Ainsi, l'objet `L'administrateur` devient-il une instance de l'acteur Administrateur. Dans le diagramme de séquence représentant l'inscription à un championnat, les objets MrBF et MrBS deviennent des instances de l'acteur Participant. Dans le diagramme de séquence représentant le déroulement d'une partie, les objets MrBF et MrBS deviennent des instances de l'acteur Joueur.

# TD10. Développement avec UML

Une association d'ornithologie vous confie la réalisation du système logiciel de recueil et de gestion des observations réalisées par ses adhérents (le logiciel DataBirds). L'objectif est de centraliser toutes les données d'observation arrivant par différents canaux au sein d'une même base de données, qui permettra ensuite d'établir des cartes de présence des différentes espèces sur le territoire géré par l'association.

Les données à renseigner pour chaque observation sont les suivantes :

- Nom de l'espèce concernée. Il y a environ trois cents espèces possibles sur le territoire en question. Si l'observation concerne plusieurs espèces, renseigner plusieurs observations.
- Nombre d'individus.
- Lieu de l'observation.
- Date de l'observation.
- Heure de l'observation.
- Conditions météo lors de l'observation.
- Nom de chaque observateur.

Quelle que soit la façon dont sont collectées les données, celles-ci sont saisies dans la base dans un état dit « à valider ». Tant que les données ne sont pas validées par les salariés de l'association, des modifications peuvent être apportées aux données.

La validation des données se fait uniquement par les salariés de l'association qui ont le droit de modifier la base de DataBirds. Ils doivent vérifier que les données saisies sont cohérentes. Plus précisément, ils doivent valider les noms des observateurs (les noms doivent correspondre à des noms d'adhérents) et l'espèce (celle-ci doit correspondre à une espèce connue sur le territoire).

Après validation, une saisie se trouve soit dans l'état dit « validé », soit dans l'état dit « non validé ». Les saisies dans l'état « non validé » sont automatiquement purgées de la base une fois par semaine.

Grâce aux données saisies et validées, l'association souhaite pouvoir établir différents types de cartes de présence des différentes espèces :

- Cartes géographiques par espèce présentant un cumul historique des populations. Ce traitement peut être demandé par un adhérent.
- Cartes des observations réalisées par chaque observateur. Ce traitement peut être demandé par un salarié uniquement.

Ces cartes de présence des oiseaux sont générées par DataBirds et accessibles soit par le Web, soit par demande *via* un courrier électronique ou postal.

**83.** *Effectuez la première étape de la méthode.*

L'objectif de cette étape est de produire le diagramme de cas d'utilisation du niveau besoin. Nous identifions deux acteurs, les adhérents et les salariés. Il n'y a pas de relation d'héritage entre ces acteurs, car rien n'oblige un salarié à être aussi adhérent de l'association.

Les cas d'utilisation associés à l'adhérent sont la réalisation d'une observation (la saisie des informations relatives à l'observation) et l'obtention de la carte géographique relative à une espèce. Les cas d'utilisation associés au salarié sont la validation d'une observation et l'obtention de la carte des observations d'un adhérent. L'application doit aussi permettre la suppression des observations qui n'ont pas été validées, mais cette fonctionnalité n'étant reliée à aucun acteur, elle doit être effectuée automatiquement une fois par semaine. Etant donné que les cas d'utilisation représentent les fonctionnalités offertes par l'application à son environnement, cette fonctionnalité de suppression des observations ne sera pas représentée au niveau besoin.

La figure 46 représente le diagramme de cas d'utilisation du niveau besoin de l'application DataBirds.

**Figure 46**

*Diagramme de cas d'utilisation de l'application* DataBirds

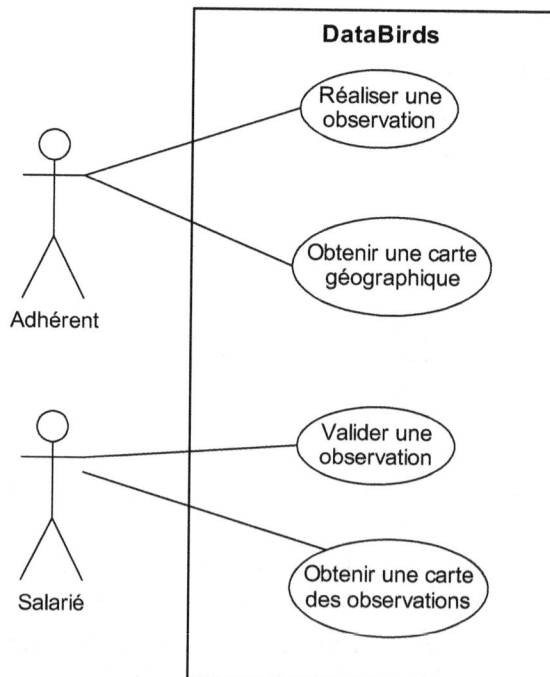

**84.** *Effectuez la deuxième étape de la méthode (niveau besoin – comportement).*

L'objectif de cette étape est de produire un diagramme de séquence nominal par cas d'utilisation ainsi qu'un diagramme de séquence pour chaque erreur possible.

Pour le fonctionnement nominal du cas d'utilisation Réaliser une observation, nous considérons que l'adhérent Jean réalise l'observation qu'il a faite sur trois merles à Paris, le 1er juillet 2006, à 12 heures. Le message réaliserObservation() est envoyé à l'application DataBirds, qui crée l'objet obs1 de type Observation.

L'interaction illustrée à la figure 47 représente cette exécution.

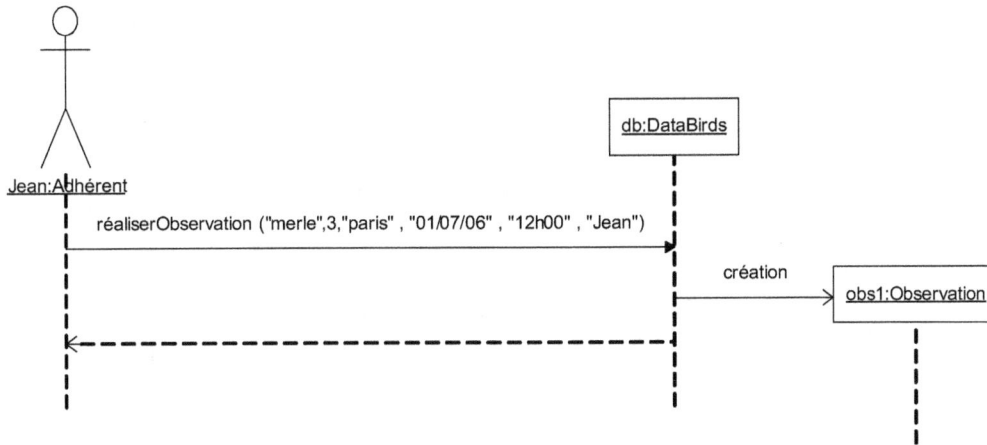

**Figure 47**

*Interaction représentant la réalisation d'une observation*

Pour un fonctionnement soulevant une erreur du cas d'utilisation « Réaliser une observation », nous considérons le cas où l'adhérent oublie de donner le nom de l'observateur. Dans ce cas, l'application DataBirds doit signaler une erreur. Ce fonctionnement est représenté par l'interaction illustrée à la figure 48.

**Figure 48**

*Interaction représentant la réalisation d'une observation levant une erreur*

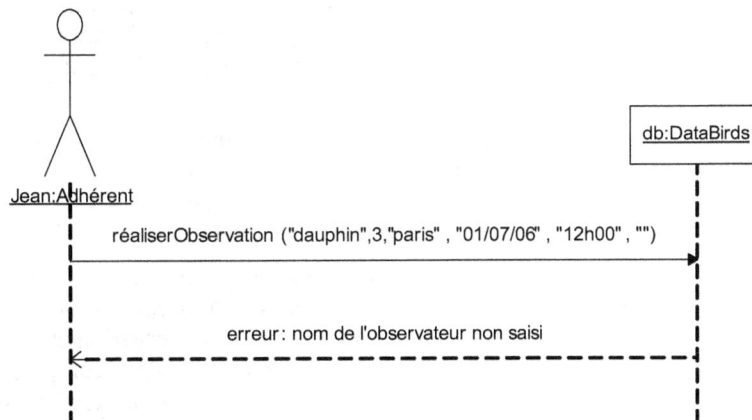

Nous considérons maintenant le fonctionnement nominal du cas d'utilisation « Valider une observation ». Un salarié demande à l'application de valider une observation, et cette dernière lui répond que tout est correct. L'interaction illustrée à la figure 49 représente ce fonctionnement.

**Figure 49**

*Interaction représentant la validation d'une observation*

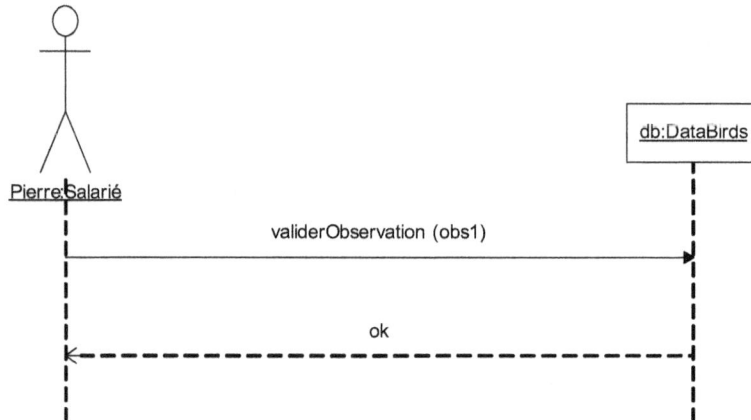

Nous n'avons présenté ici qu'une petite partie du diagramme de séquence à produire. Ce dernier doit contenir un diagramme pour le fonctionnement nominal de chaque cas d'utilisation et un ou plusieurs diagrammes pour chaque fonctionnement erroné.

Pour assurer la cohérence entre les parties fonctionnelle, comportementale et structurelle, nous rappelons que les interactions doivent faire apparaître les acteurs identifiés à l'étape 1 et les classes qui seront utilisées à l'étape 3.

**85.** *Effectuez la troisième étape de la méthode.*

L'objectif de cette étape est de produire un diagramme de classes représentant les données spécifiées dans la description de l'application. Les interactions que nous avons données en solutions de la question précédente font apparaître les classes DataBirds et Observation.

Nous introduisons la classe Adhérent, car l'application doit pouvoir vérifier que les observations sont faites par des adhérents. Les opérations associées aux cas d'utilisation sont des opérations de la classe DataBirds. Les attributs de la classe Observation permettent de stocker toutes les caractéristiques d'une observation.

Nous avons introduit deux booléens. Le booléen aValider est à vrai lorsque l'observation n'a pas encore été validée par un salarié. Lorsque ce booléen est à vrai, il faut regarder le booléen validé pour savoir si l'observation est effectivement validée. Les classes DataBirds et Observation sont associées, car plusieurs observations sont gérées par l'application. De la même façon, nous représentons le fait que plusieurs adhérents peuvent être identifiés.

La figure 50 représente le diagramme de classes obtenu.

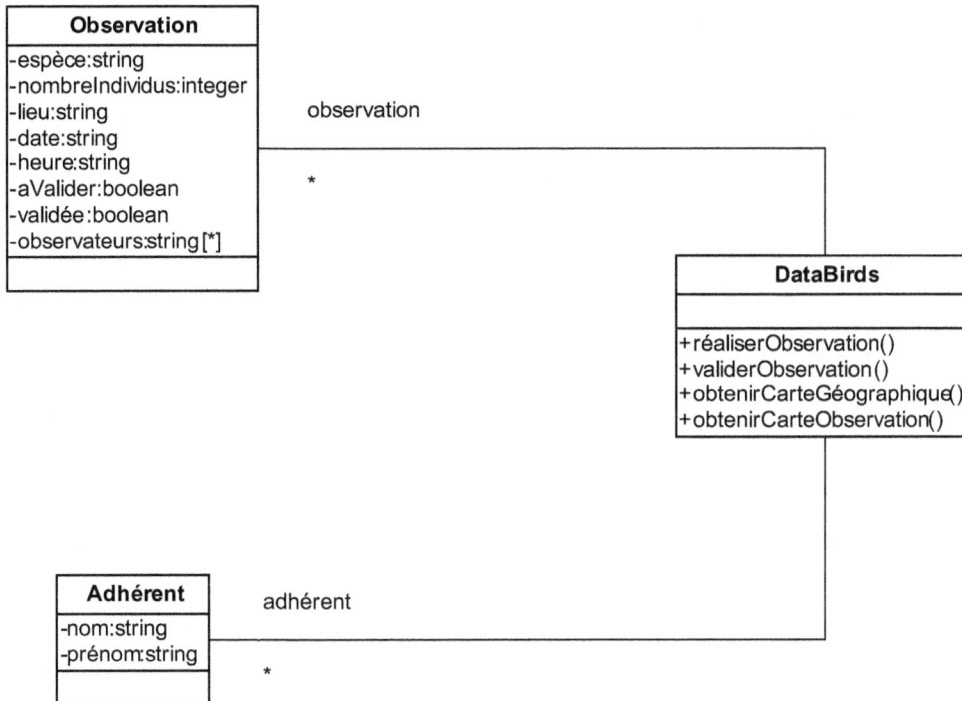

**Figure 50**

*Classes de l'application* DataBirds *au niveau besoin*

**86.** *Effectuez la quatrième étape de la méthode.*

L'objectif de cette étape est de produire la liste des composants du système et un diagramme de cas d'utilisation par composant.

Nous décomposons notre système en deux composants : le gestionnaire des observations et le gestionnaire des cartes.

Le gestionnaire des observations s'occupe de la création, de la validation et de la suppression des observations. Étant donné que nous sommes au niveau conceptuel, nous représentons cette fois la suppression des observations. Ce composant est relié aux acteurs Adhérent et Salarié, qui sont concernés par la création et la validation des observations. Il est aussi relié à la base des adhérents, qui est un composant externe à l'application.

Dans le descriptif de l'application, aucune information n'est donnée sur la gestion des adhérents. Nous savons juste qu'il est nécessaire d'avoir accès à une base des adhérents. Il s'agit donc d'un composant externe à l'application DataBirds.

La figure 51 représente le diagramme de cas d'utilisation du composant de gestion des observations.

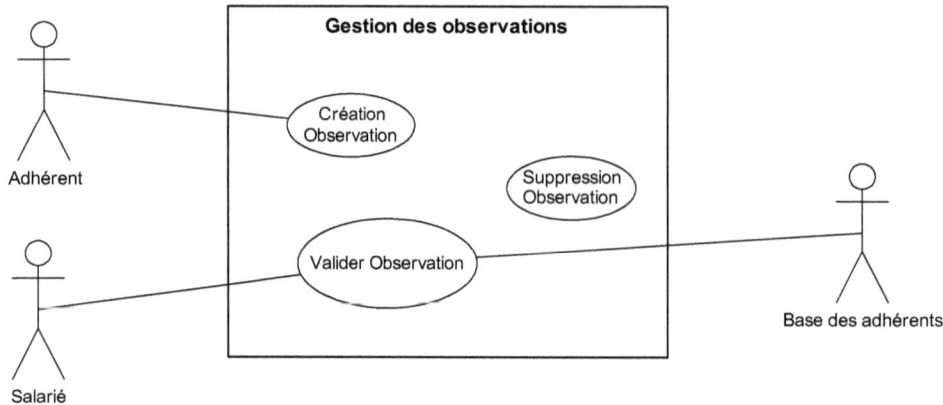

**Figure 51**

*Diagramme de cas d'utilisation du composant Gestion des observations*

Le gestionnaire de cartes s'occupe de la construction des différentes cartes que peuvent demander les acteurs. Il contient deux cas d'utilisation, la construction des cartes géographiques et celle des cartes d'observation. Ce composant est relié aux acteurs Adhérent et Salarié, car ils ont chacun accès à un des cas d'utilisation qu'il contient. Il est aussi relié à une base de données des observations, car il en a besoin pour produire les cartes demandées.

Cette base de données est en fait produite par le composant de gestion des observations, mais comme il n'est pas possible d'établir des liens entre composants, nous devons le représenter par un acteur. Notons que l'acteur BDObservation n'est pas une personne physique, ce qui ne pose aucun problème puisque nous sommes au niveau conceptuel.

La figure 52 représente le diagramme de cas d'utilisation du composant de gestion des cartes.

Il ne faut pas oublier de préciser les relations de résolution entre les cas d'utilisation du niveau d'analyse et ceux des composants. Dans notre cas, cette tâche est assez simple :

- Le cas d'utilisation « Réaliser une observation » est résolu par le cas d'utilisation « Création Observation ».
- Le cas d'utilisation « Obtenir une carte géographique » est résolu par le cas d'utilisation « Construire Carte géographique ».
- Le cas d'utilisation « Valider une observation » est résolu par le cas d'utilisation « Valider Observation ».
- Le cas d'utilisation « Obtenir une carte des observations » est résolu par le cas d'utilisation « Construire Carte observations ».

**87.** *Effectuez la cinquième étape de la méthode.*

L'objectif de cette étape est de produire un diagramme de séquence nominal par cas d'utilisation, ainsi qu'un diagramme de séquence pour chaque erreur possible.

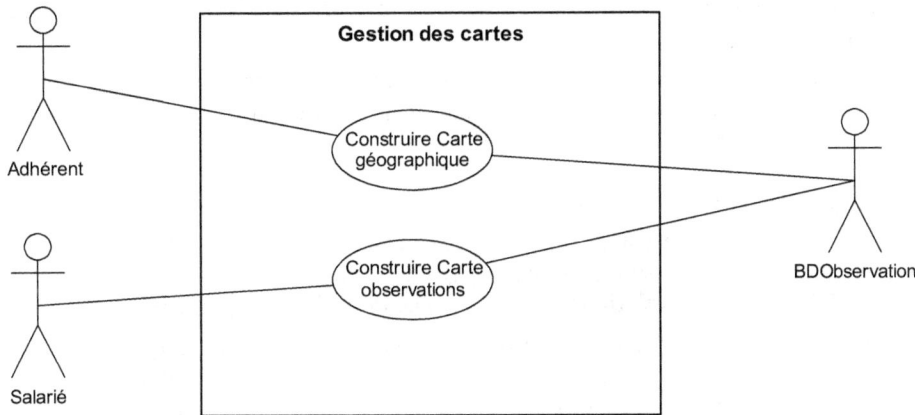

**Figure 52**

*Diagramme de cas d'utilisation du composant de gestion des cartes*

Nous reprenons le cas d'utilisation qui consiste à valider une observation. Cette fois, comme nous sommes au niveau conceptuel, nous devons faire apparaître les différentes étapes de la validation : la vérification que les observateurs sont bien des adhérents (ce qui nécessite un accès à la base de données des adhérents) et la vérification que l'espèce observée est bien répertoriée dans le territoire concerné.

La figure 53 représente l'interaction associée à ce cas d'utilisation.

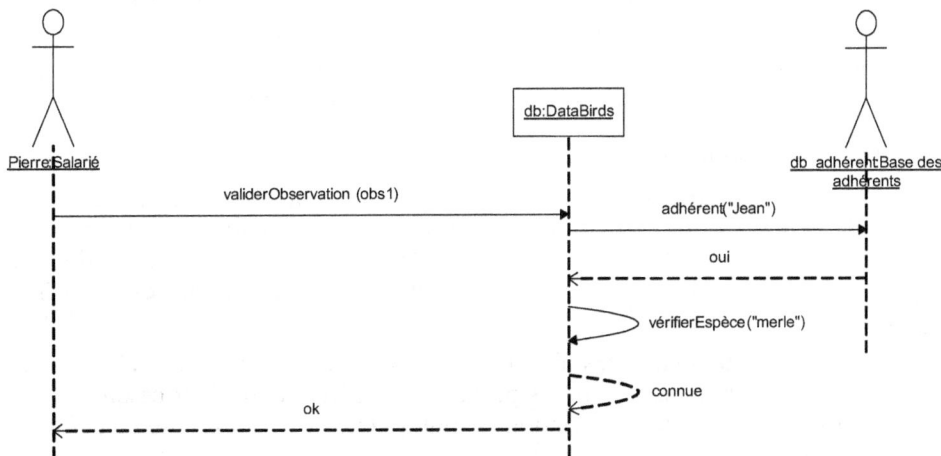

**Figure 53**

*Interaction au niveau conceptuel représentant la validation d'une observation*

Nous n'avons présenté ici qu'une petite partie du diagramme de séquence à produire. Ce dernier doit en effet contenir un diagramme pour le fonctionnement nominal de chaque cas d'utilisation et un ou plusieurs diagrammes pour chaque fonctionnement erroné.

Pour assurer la cohérence entre les parties fonctionnelle, comportementale et structurelle, nous rappelons que les interactions doivent faire apparaître les acteurs identifiés à l'étape 4 et les classes utilisées à l'étape 6.

**88.** *Effectuez la sixième étape de la méthode.*

L'objectif de cette étape est de produire les classes des composants. Toutes les classes d'un même composant sont regroupées dans un même package. Il est important de préciser aussi les relations de dépendance entre les composants.

Le composant « Gestion des Observation » est représenté par le package `gestionObservation`. Il contient les classes `Espèce` et `Observation`, qui représentent respectivement les espèces visibles sur le territoire et les observations faites par les adhérents. Le composant contient aussi la classe `BaseDeDonnées`, qui contient (relation de composition) l'ensemble des espèces et l'ensemble des observations. Cette classe possède aussi les opérations qui seront utilisées par l'environnement du composant (`ajouterObservation()`, `validerObservation()`, `supprimerObservationsNonValidées()`).

Le composant « Gestion des cartes » est représenté par le package `gestionCartes`. Nous avons fait le choix de créer la classe `Carte`, qui est une classe abstraite. Notre intention est de stocker dans une mémoire cache n'importe quelle carte (géographique ou observation) déjà construite. Les classes `CarteGéographique` et `CarteObservation` héritent donc de cette classe abstraite. Celles-ci sont associées aux classes du composant « Gestion des Observation » dont elles ont besoin. La classe `GestionnaireCarte` contient l'ensemble des cartes déjà créées et possède les opérations qui seront utilisées par l'environnement du composant (`construireCarteGeographique()`, `construireCarteObservation()`, `rechercheCarte()`).

Soulignons que cette spécification de la structure des composants n'est pas complète. Nous la jugeons cependant suffisante pour notre propos.

**89.** *Effectuez la septième étape de la méthode.*

L'objectif de cette étape est de produire les classes des composants en intégrant les classes de la plate-forme d'exécution. À partir de la spécification des composants faite à la question précédente, il suffit de remplacer les associations de multiplicité * par des liens vers la classe `ArrayList`. Ces modifications sont représentées à la figure 55.

Les liens d'abstraction entre les niveaux conceptuel et physique sont relativement triviaux car ils apparaissent entre les packages de même nom. Pour ce qui est des liens d'abstraction pour les associations à multiplicité *, il faut refaire ce qui a été présenté au TD8.

**90.** *Effectuez la huitième étape de la méthode sur une seule classe.*

L'objectif de cette étape est de produire les cas de test abstraits.

À titre d'exemple, nous pouvons spécifier les cas de test abstrait de la classe `BaseDeDonnées` et écrire les tests abstraits concernant la validation d'une observation. Une

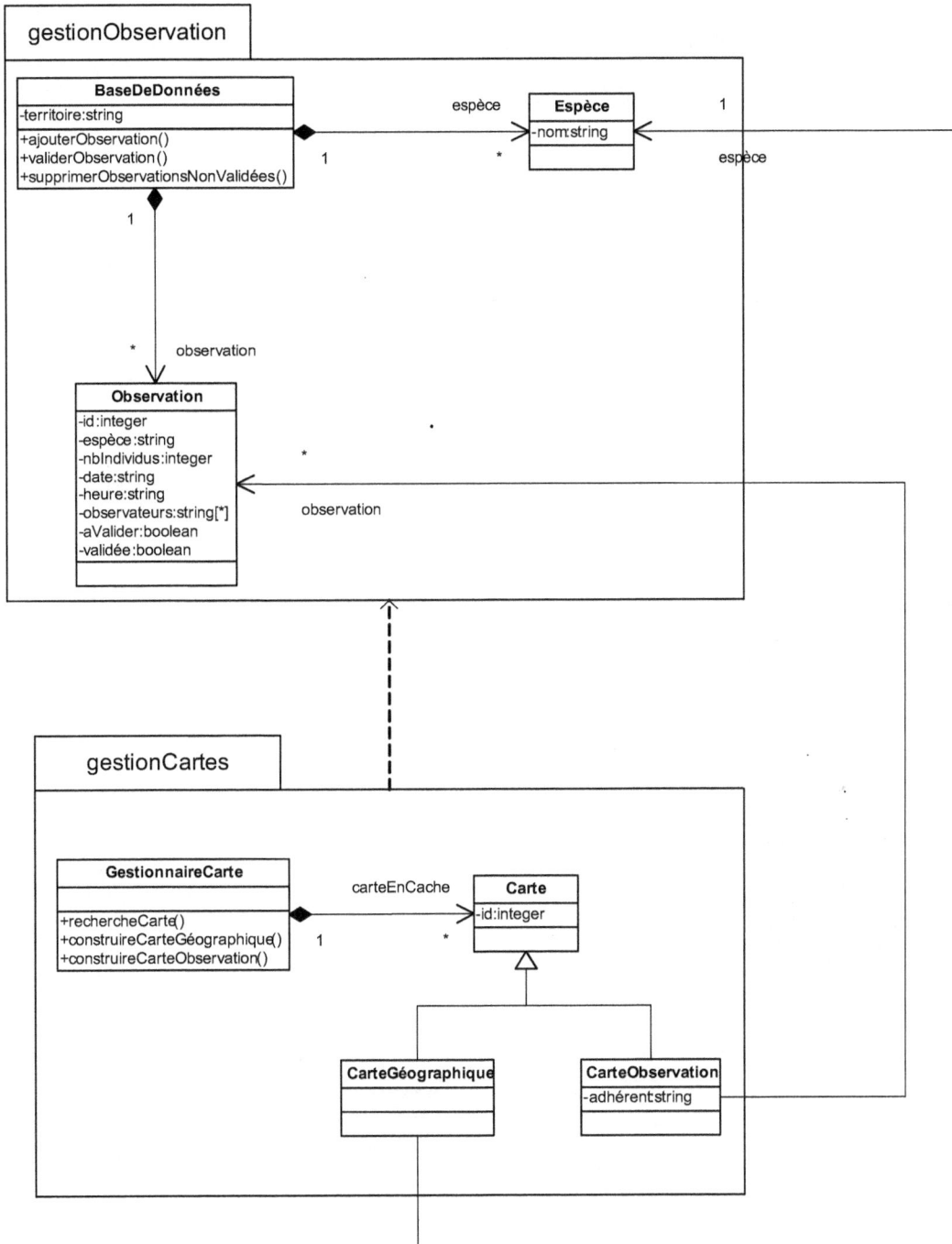

**Figure 54**

*Classes des composants de gestion des observations et de gestion des cartes*

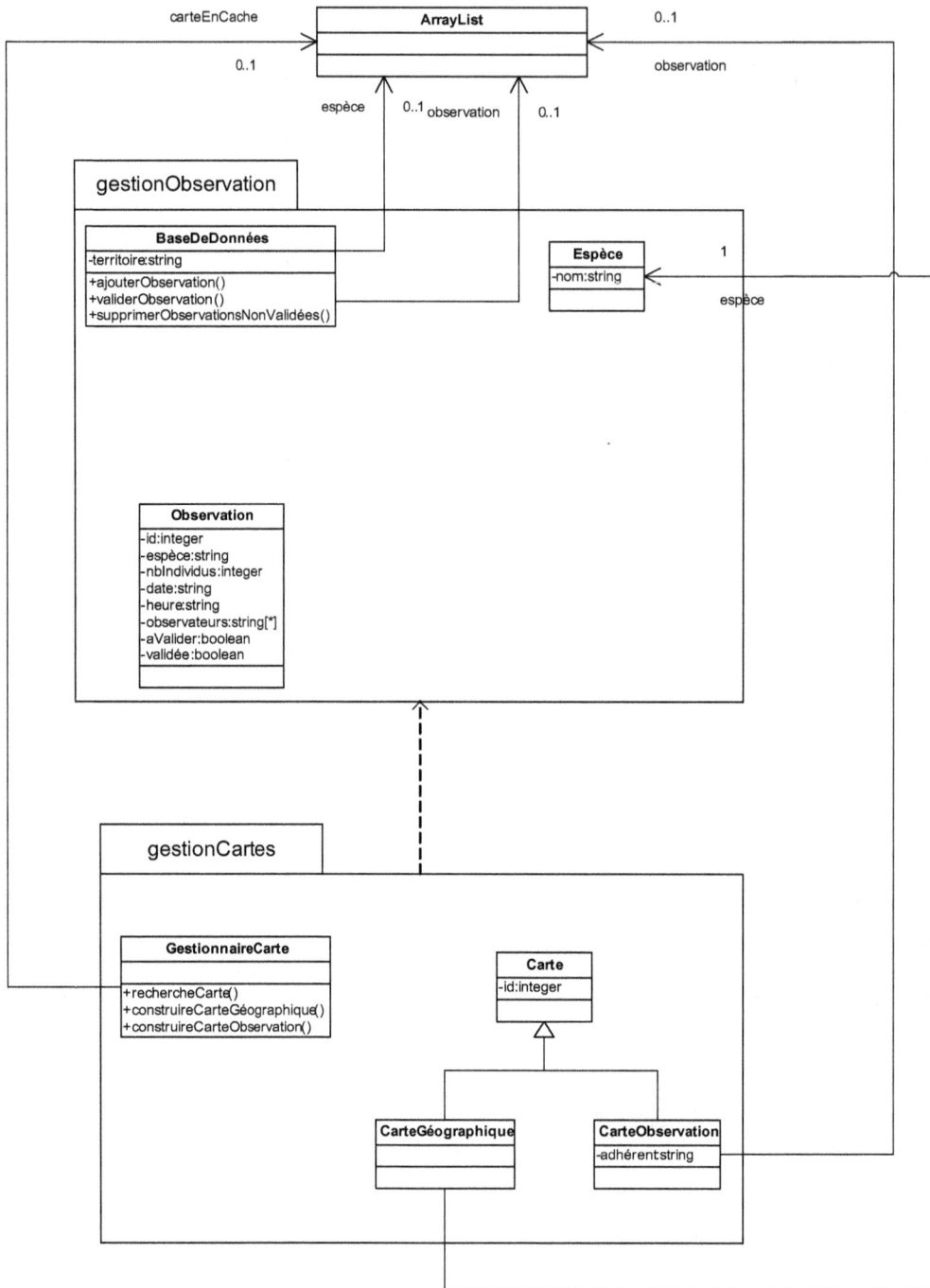

**Figure 55**

*Classes des composants au niveau physique*

faute éventuelle serait de valider une observation portant sur une espèce n'appartenant pas au territoire.

Un cas de test visant à révéler une telle faute est spécifié à la figure 56.

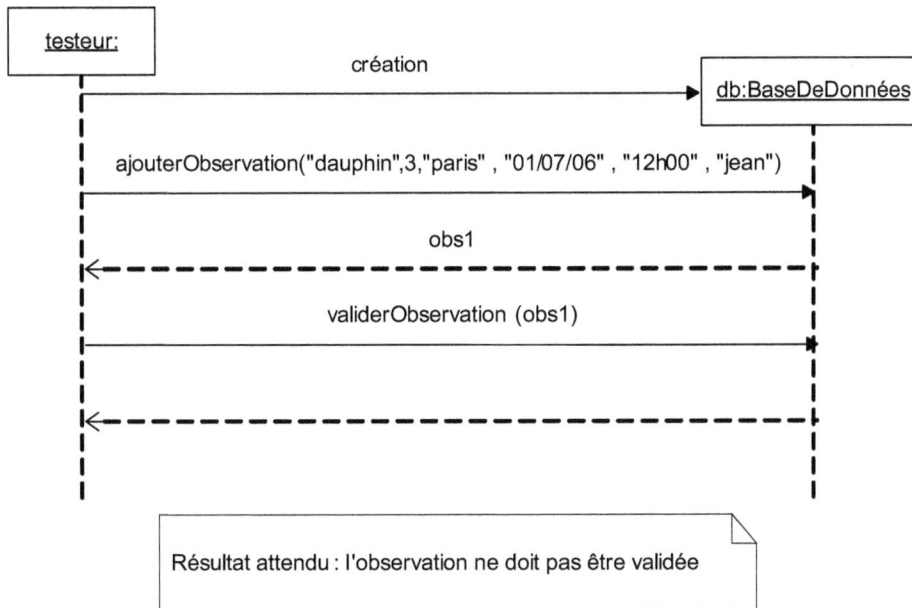

**Figure 56**

*Diagramme de cas de test de la classe* BaseDeDonnées

**91.** *Effectuez la neuvième étape de la méthode.*

L'objectif de cette étape est de produire le diagramme de cas d'utilisation représentant les fonctionnalités offertes par les composants mais au niveau physique.

Cependant, cette étape n'est nécessaire que si certaines fonctionnalités sont réalisées par la plate-forme d'exécution. Cela permet en ce cas de faire apparaître les fonctionnalités directement offertes par la plate-forme et celles qu'il faudra développer.

Étant donné que, dans notre cas, aucune fonctionnalité n'est directement offerte par la plate-forme, cette étape n'est pas nécessaire.

# Annexes

# 1

# Code d'un carnet d'adresses

```
/-----------------------------------------------------------------------------/
package repertoire;

public class MyAssistant {
    public static void main(String[] args) {
        UIRepertoire ihm = new UIRepertoire();
    }
}
/-----------------------------------------------------------------------------/
package repertoire;

import java.awt.event.*;
import javax.swing.*;
import javax.swing.event.*;

public class UIRepertoire extends JFrame {
    Repertoire theRepertoire;
    UIMenuActionListener menuListener;
    JMenuBar menu_barre;
    JMenu repertoire_menu, fonction_menu, aide_menu;
    JMenuItem repertoire_menu_ouvrir,
        repertoire_menu_enregistrer,
        repertoire_menu_enregistrersous,
        repertoire_menu_nouveau,
        fonction_menu_ajouterPersonne,
        fonction_menu_rechercherPersonne,
        aide_menu_item;

    JSplitPane splitPane;
    JList repertoireView;
```

```
UIPersonne uipersonne;

public Repertoire getTheRepertoire() {
    return theRepertoire;
}

public void setTheRepertoire(Repertoire theRepertoire) {
    this.theRepertoire = theRepertoire;
    refreshUIRepertoire();
}

public UIRepertoire() {
    super("Mon Repertoire");
    menuListener = new UIMenuActionListener(this);
    WindowListener l = new WindowAdapter() {
        public void windowClosing(WindowEvent e) {
            System.exit(0);
        }
        public void windowClosed(WindowEvent e) {
            System.exit(0);
        }
    };
    addWindowListener(l);
    init();
}

public UIRepertoire(Repertoire rep) {
    super("Mon Repertoire");
    theRepertoire = rep;
    menuListener = new UIMenuActionListener(this);
    WindowListener l = new WindowAdapter() {
        public void windowClosing(WindowEvent e) {
            System.exit(0);
        }
        public void windowClosed(WindowEvent e) {
            System.exit(0);
        }
    };
    addWindowListener(l);
    init();
    refreshUIRepertoire();
}

void init() {
    //Barre de Menu
    menu_barre = new JMenuBar();
    setJMenuBar(menu_barre);

    // Menu FICHIER
    repertoire_menu = new JMenu("Fichier");
    menu_barre.add(repertoire_menu);
    repertoire_menu_nouveau = new JMenuItem("Nouveau");
```

```
                    repertoire_menu.add(repertoire_menu_nouveau);
                    repertoire_menu_nouveau.addActionListener(menuListener);
                    repertoire_menu_ouvrir = new JMenuItem("Ouvrir");
                    repertoire_menu.add(repertoire_menu_ouvrir);
                    repertoire_menu_ouvrir.addActionListener(menuListener);
                    repertoire_menu_enregistrer = new JMenuItem("Enregistrer");
                    repertoire_menu.add(repertoire_menu_enregistrer);
                    repertoire_menu_enregistrer.addActionListener(menuListener);
                    //fichier_menu_enregistrer.setMnemonic(KeyEvent.VK_S);
                    repertoire_menu_enregistrersous = new JMenuItem("Enregistrer Sous");
                    repertoire_menu.add(repertoire_menu_enregistrersous);
                    repertoire_menu_enregistrersous.addActionListener(menuListener);

                    // Menu FONCTION
                    fonction_menu = new JMenu("Organisation");
                    menu_barre.add(fonction_menu);
                    fonction_menu_ajouterPersonne =
                        new JMenuItem("Ajouter Nouvelle Personne");
                    fonction_menu.add(fonction_menu_ajouterPersonne);
                    fonction_menu_ajouterPersonne.addActionListener(menuListener);
                    fonction_menu_rechercherPersonne =
                        new JMenuItem("Rechercher Personne(s)");
                    fonction_menu.add(fonction_menu_rechercherPersonne);
                    fonction_menu_rechercherPersonne.addActionListener(menuListener);

                    // Menu AIDE
                    aide_menu = new JMenu("Aide");
                    menu_barre.add(aide_menu);
                    aide_menu_item = new JMenuItem("A Propos");
                    aide_menu_item.addActionListener(menuListener);
                    aide_menu.add(aide_menu_item);

                    //Mettre un SplitPane
                    splitPane = new JSplitPane(JSplitPane.HORIZONTAL_SPLIT);
                    getContentPane().add(splitPane);
                    setVisible(true);
                    pack();
                }

                public void refreshUIRepertoire() {
                    // Mettre la JList à gauche
                    repertoireView = new JList(theRepertoire.listerPersonnes());
                    repertoireView.addListSelectionListener(new ListSelectionListener() {
                        public void valueChanged(ListSelectionEvent e) {
                            System.out.println("Ok");
                            Personne p = (Personne) repertoireView.getSelectedValue();
                            uipersonne.setPersonne(p);

                        }
                    });
                    splitPane.setLeftComponent(new JScrollPane(repertoireView));
```

```
                //Test à droite
                if (theRepertoire.listerPersonnes().length!=0) {
                    uipersonne = new UIPersonne(theRepertoire.listerPersonnes()[0]);
                    splitPane.setRightComponent(uipersonne);
                }
            }
        }

/------------------------------------------------------------------------------/
package repertoire;

import java.awt.GridLayout;
import java.awt.event.*;
import javax.swing.*;

public class UIPersonne extends JPanel {
    Personne personne;
    JTextField nomTF,
        prenomTF,
        telMaisonTF,
        telPortTF,
        telBurTF,
        faxTF,
        titreTF,
        socTF,
        addTF,
        mailTF;

    public UIPersonne() {
        super();
        init();
    }

    public UIPersonne(Personne p) {
        super();
        personne = p;
        init();
    }

    public Personne getPersonne() {
        return personne;
    }

    public void setPersonne(Personne personne) {
        this.personne = personne;
        prenomTF.setText(personne.getPrenom());
        nomTF.setText(personne.getNom());
        telBurTF.setText(personne.getTelephoneBureau());
        telMaisonTF.setText(personne.getTelephoneMaison());
        telPortTF.setText(personne.getTelephonePortable());
        faxTF.setText(personne.getFax());
        titreTF.setText(personne.getTitre());
```

```java
            socTF.setText(personne.getSociete());
            //Adresse
            mailTF.setText(personne.getMail());
    }

    public void init() {
        this.setLayout(new GridLayout(0, 2));
        add(new JLabel("nom"));
        nomTF = new JTextField("");
        add(nomTF);
        add(new JLabel("prenom"));
        prenomTF = new JTextField("");
        add(prenomTF);
        add(new JLabel("telephone maison"));
        telMaisonTF = new JTextField("");
        add(telMaisonTF);
        add(new JLabel("telephone portable"));
        telPortTF = new JTextField("");
        add(telPortTF);
        add(new JLabel("telephone bureau"));
        telBurTF = new JTextField("");
        add(telBurTF);
        add(new JLabel("fax"));
        faxTF = new JTextField("");
        add(faxTF);
        add(new JLabel("titre"));
        titreTF = new JTextField("");
        add(titreTF);
        add(new JLabel("société"));
        socTF = new JTextField("");
        add(socTF);
        add(new JLabel("adresse"));
        addTF = new JTextField("");
        add(addTF);
        add(new JLabel("mail"));
        mailTF = new JTextField("");
        add(mailTF);
        JButton save = new JButton("Save");
        save.addActionListener(new ActionListener() {
            public void actionPerformed(ActionEvent e) {
                personne.setPrenom(prenomTF.getText());
                personne.setNom(nomTF.getText());
                personne.setTelephoneBureau(telBurTF.getText());
                personne.setTelephoneMaison(telMaisonTF.getText());
                personne.setTelephonePortable(telPortTF.getText());
                personne.setFax(faxTF.getText());
                personne.setTitre(titreTF.getText());
                personne.setSociete(socTF.getText());
                //personne.setAdresse(addTF.getText());
                personne.setMail(mailTF.getText());
            }
        });
```

```
            add(save);
            JButton cancel = new JButton("Cancel");
            cancel.addActionListener(new ActionListener() {
                public void actionPerformed(ActionEvent e) {
                    prenomTF.setText(personne.getPrenom());
                    nomTF.setText(personne.getNom());
                    telBurTF.setText(personne.getTelephoneBureau());
                    telMaisonTF.setText(personne.getTelephoneMaison());
                    telPortTF.setText(personne.getTelephonePortable());
                    faxTF.setText(personne.getFax());
                    titreTF.setText(personne.getTitre());
                    socTF.setText(personne.getSociete());
                    //Adresse
                    mailTF.setText(personne.getMail());
                }
            });
            add(cancel);
        }
}

/-------------------------------------------------------------------------------/
package repertoire;

import java.awt.event.*;
import javax.swing.JMenuItem;

public class UIMenuActionListener implements ActionListener {
    UIRepertoire uirep;

    public UIMenuActionListener(UIRepertoire uirep) {
        super();
        this.uirep = uirep;
    }

    public void actionPerformed(ActionEvent ev) {
        JMenuItem test = (JMenuItem) ev.getSource();
        if (test.getText() == "A Propos")
            System.out.println("Aide");
        else if (test.getText() == "Rechercher Personne(s)") {
            System.out.println("LOAD ");
        }
        else if (test.getText() == "Ajouter Nouvelle Personne") {
            System.out.println("Ajouter Nouvelle Personne ");
            Personne p = new Personne();
            uirep.getTheRepertoire().ajouterPersonne(p);
            uirep.refreshUIRepertoire();
        }
        else if (test.getText() == "Rechercher Personne(s)") {
            System.out.println("LOAD ");
        }
        else if (test.getText() == "Nouveau") {
            System.out.println("Nouveau ");
```

```
                        uirep.setTheRepertoire(new Repertoire());
            }
        else if (test.getText() == "Enregistrer Sous") {
            System.out.println("LOAD ");
        }
        else if (test.getText() == "Enregistrer") {
            System.out.println("LOAD ");
        }
        else if (test.getText() == "Ouvrir") {
            System.out.println("LOAD ");
        }
    }
}

/-------------------------------------------------------------------------------/
package repertoire;

public class Adresse {
    String pays;
    String region;
    String codePostal;
    String ville;
    String rue;

    public String getCodePostal() {
        return codePostal;
    }

    public void setCodePostal(String codePostal) {
        this.codePostal = codePostal;
    }

    public String getPays() {
        return pays;
    }

    public void setPays(String pays) {
        this.pays = pays;
    }

    public String getRegion() {
        return region;
    }

    public void setRegion(String region) {
        this.region = region;
    }

    public String getRue() {
        return rue;
    }
```

```
        public void setRue(String rue) {
            this.rue = rue;
        }

        public String getVille() {
            return ville;
        }

        public void setVille(String ville) {
            this.ville = ville;
        }

}

/-------------------------------------------------------------------------------/
package repertoire;

public class Personne {
    String nom;
    String prenom;
    String telephoneMaison;
    String telephonePortable;
    String telephoneBureau;
    String fax;
    String titre;
    String societe;
    Adresse adresse;
    String mail;

    public Adresse getAdresse() {
        return adresse;
    }

    public void setAdresse(Adresse adresse) {
        this.adresse = adresse;
    }

    public String getFax() {
        return fax;
    }

    public void setFax(String fax) {
        this.fax = fax;
    }

    public String getMail() {
        return mail;
    }

    public void setMail(String mail) {
        this.mail = mail;
    }
```

```java
public String getNom() {
    return nom;
}

public void setNom(String nom) {
    this.nom = nom;
}

public String getPrenom() {
    return prenom;
}

public void setPrenom(String prenom) {
    this.prenom = prenom;
}

public String getSociete() {
    return societe;
}

public void setSociete(String societe) {
    this.societe = societe;
}

public String getTelephoneBureau() {
    return telephoneBureau;
}

public void setTelephoneBureau(String telephoneBureau) {
    this.telephoneBureau = telephoneBureau;
}

public String getTelephoneMaison() {
    return telephoneMaison;
}

public void setTelephoneMaison(String telephoneMaison) {
    this.telephoneMaison = telephoneMaison;
}

public String getTelephonePortable() {
    return telephonePortable;
}

public void setTelephonePortable(String telephonePortable) {
    this.telephonePortable = telephonePortable;
}

public String getTitre() {
    return titre;
}
```

```
        public void setTitre(String titre) {
            this.titre = titre;
        }

        public String toString() {
            return nom+" "+prenom;
        }
    }

/------------------------------------------------------------------------------------/
package repertoire;

import java.util.Iterator;
import java.util.ArrayList;

public class Repertoire {

    ArrayList personnes;

    public void ajouterPersonne(Personne p) {
        personnes.add(p);
    }

    public void supprimerPersonne(Personne p) {
        personnes.remove(p);
    }

    public Personne[] rechercherPersonnesParNom(String nom) {
        ArrayList success = new ArrayList();
        for (Iterator it = personnes.iterator() ; it.hasNext() ;) {
            Personne current = (Personne) it.next();
            if (current.getNom().compareTo(nom)==0) success.add(current);
        }
        Personne[] res = new Personne[0];
        return (Personne[]) success.toArray(res);
    }

    public Personne[] listerPersonnes() {
        Personne[] res = new Personne[0];
        return (Personne[]) personnes.toArray(res);
    }

    public Repertoire() {
        personnes = new ArrayList();
    }
            }
```

# 2

# Exemple de partiel

Nous proposons ici un partiel donné, le 31 mars 2005, à une promotion de quatre-vingt-dix étudiants de L3 de l'Université Pierre et Marie Curie. Sa durée était de deux heures, et tous documents étaient autorisés. Chacune des quatre question de cours est notée sur 1 point et chacun des huit exercices sur 2 points, soit un total de vingt points.

Cette annexe est particulièrement destinée aux enseignants désireux de transmettre les principes de base de l'approche *UML pour le développeur* à des étudiants de L3 (bac + 3).

## Questions de cours (4 points)

1. *Définissez les approches Model Driven, Code Driven et Round Trip.*

   Voir, au chapitre 5, la section « Approches envisageables ».

2. *Définissez les différents cas permettant d'identifier des dépendances entre deux classes.*

   Voir, au chapitre 4, la section « Qu'est-ce qu'une dépendance ? ».

3. *L'héritage multiple entre classes UML est-il possible ? Que signifie-t-il pour les objets instances ?*

   Oui. Les instances appartiennent aux deux ensembles d'objets définis par les classes (intersection). Voir, au chapitre 2, la section « Héritage entre classes ».

4. *Est-il possible de générer une application C++ à partir d'un modèle UML ?*

   Oui, tout comme il est possible de générer du Java. Les limites sont sensiblement les mêmes, c'est-à-dire qu'il faut recopier les lignes de code dans les modèles et donc faire du recopiage de code.

## Exercices (16 points)

De jeunes étudiants de Paris VI ont développé une application permettant de faire calculer à des robots des itinéraires dans des zones géographiques jonchées d'obstacles.

La figure 1 illustre une zone géographique composée de sept obstacles (représentés par des disques noirs) avec un robot (représenté par un triangle) devant calculer les itinéraires permettant d'accéder à la cible (représentée par une étoile).

**Figure 1**

*Zone géographique*

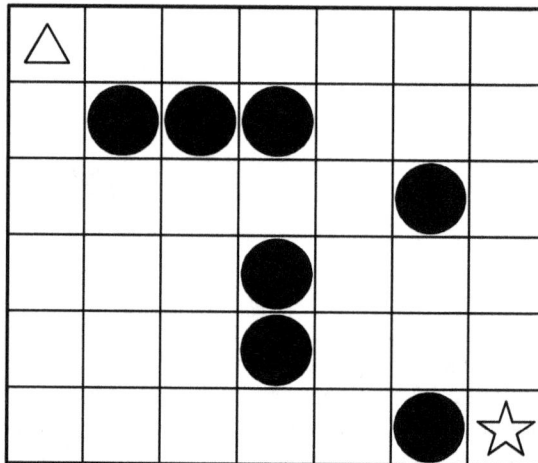

Il a été demandé aux étudiants de commencer la réalisation de l'application par l'élaboration d'un modèle UML.

Le diagramme de la figure 2 représente toutes les classes du modèle UML réalisé par les étudiants.

**5.** *Commentez le diagramme de classes fourni par les étudiants, et expliquez la signification de chacune des classes vis-à-vis de la problématique énoncée dans le sujet. Présentez chacun des attributs et chacune des associations.*

La classe `ZoneGéographique` représente une zone géographique sous forme de grille à deux dimensions. L'attribut `nbColonnes` correspond au nombre de colonnes de la grille, et l'attribut `nbLignes` au nombre de lignes de la grille. Une zone géographique contient des obstacles à différentes positions dans la grille (association `obstacle`), ainsi que des robots (association `habitant`).

La classe `Position` représente une position dans la grille. L'attribut `colonne` correspond au numéro de la colonne de la position, et l'attribut `ligne` au numéro de la ligne de la position. Nous pouvons prendre comme convention que la position 0,0 correspond au coin supérieur gauche de la grille (cela n'est pas spécifié dans l'énoncé du sujet).

La classe `Robot` représente un robot. Un robot peut se promener dans la grille afin de calculer un itinéraire. Les attributs `PositionLigne` et `PositionColonne` représentent la position actuelle du robot (il aurait d'ailleurs été possible de ne pas mettre ces attributs et de représenter la position du robot par une association vers la classe `Position`).

**Figure 2**

*Classes de l'application*

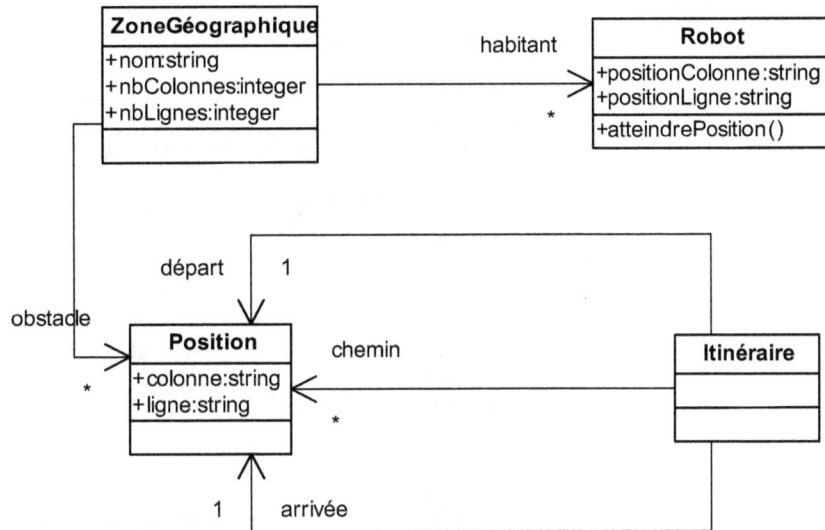

La classe *Itinéraire* représente un itinéraire calculé par un robot. Un itinéraire a une position de départ (association *départ*), une position d'arrivée (association *arrivée*) et un ensemble de positions définissant le chemin (association *chemin*).

Après avoir réalisé leur modèle UML, les étudiants ont utilisé la génération de code vers Java. Ils ont ensuite modifié le code correspondant à la classe *Robot* afin de réaliser le traitement de la méthode *atteindrePosition*.

Voici les modifications qu'ils ont dû effectuer sur la classe *Robot* :

• Les étudiants ont ajouté un attribut nommé zoneDuRobot, dont le type est ZoneGeographique.

• Les étudiants ont ajouté l'opération presenceObstacle, dont le code est le suivant :

```
public boolean presenceObstacle(int x , int y) {
    for (int i=0 ; i < zoneDuRobot.obstacle.size() ; i++) {
        Obstacle obs= Obstacle)zoneDuRobot.obstacle.elementAt(i);
        if ((obs.getColonne() == x) && (pos.getLigne()== y))
          return true;
    }
    return false;
```

• Les étudiants ont développé le code de l'opération atteindrePosition, dont le code est le suivant (il n'est pas nécessaire de comprendre ce code pour répondre aux questions de l'examen) :

```
public Itinéraire atteindrePosition(Position lieux){
Itinéraire res = new Itinéraire();
int x = positionColonne;
int y = positionLigne;
```

```
int i=0;
while (x!=lieux.getColonne() && y!=lieux.getLigne()) {
    Position pos = new Position();
        //A droite
        int droite = x +1 ;
        if (droite < zoneDuRobot.getNbColonnes() && !presenceObstacle(droite,y))
        {
            pos.setColonne(droite);
            pos.setLigne(y);
        }
        else { // En bas
            int bas = y+1;
            if (bas <zoneDuRobot.getNbLignes() && ! presenceObstacle(x , bas)) {
                pos.setColonne(x);
                pos.setLigne(bas);
            }
            else { //gauche
                int gauche = x-1;
                if (gauche>0 && ! presenceObstacle(gauche , y)) {
                    pos.setColonne(gauche);
                    pos.setLigne(y);
                }
            }
        }
        res.setChemin(i++ , pos);
        y = pos.getLigne();
        x = pos.getColonne();
    }
    return new Itinéraire();
    }
```

**6.** *Faites l'update du modèle UML.*

Il est nécessaire d'ajouter l'association `zoneDuRobot` et l'opération `présenceObstacle()`. Le code de l'opération `atteindrePosition` doit être ajouté en note.

La figure 3 représente la partie modifiée du diagramme de classes.

**Figure 3**

*Classes
ZoneGéographique
et Robot après
update*

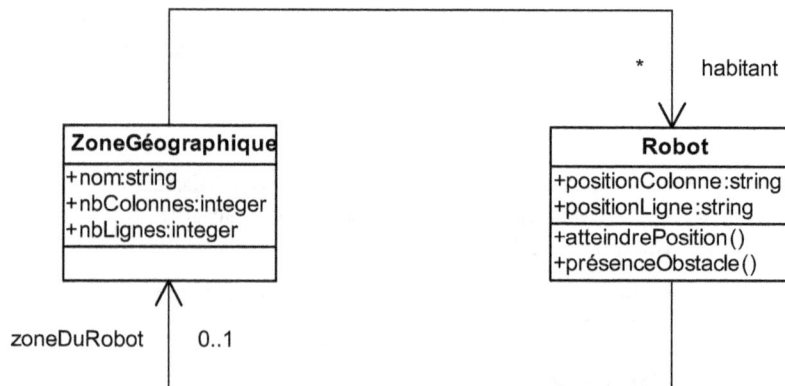

**7.** *Construisez un diagramme ne présentant que les dépendances entre les classes de l'application.*

Il suffit de suivre les règles établies au chapitre 4.

La figure 4 présente les dépendances entre les classes.

**Figure 4**

*Dépendances entre les classes*

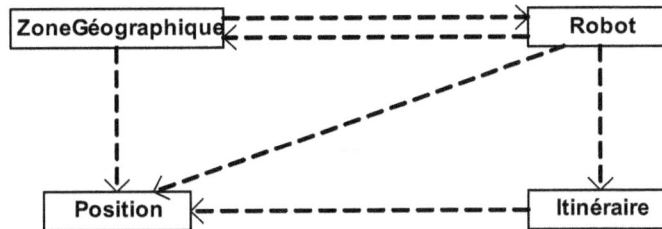

**8.** *Est-il possible de déplacer l'opération* presenceObstacle *dans une autre classe que la classe* Robot *? Est-ce judicieux ?*

Oui, car la classe responsable de cette opération est la classe *ZoneGéographique*. C'est elle qui contient toutes les informations pour pouvoir réaliser le traitement.

C'est judicieux, car il y a fort à parier que d'autres classes que celle du robot auront besoin de savoir si une position est occupée par un obstacle ou non.

**9.** *L'association entre les classes* ZoneGéographique *et* Robot *(dont le nom du crochet de l'association est* habitant*) est-elle nécessaire pour l'application ? Si oui, pourquoi ? Si non, peut-on la supprimer ?*

Non. Dans cette application, la zone géographique n'a jamais besoin de savoir quels sont les robots présents (*habitant*). Nous pouvons donc la supprimer ou la rendre non navigable.

**10.** *Après avoir exécuté plusieurs fois l'application, il apparaît que le code de l'opération* atteindrePosition *n'est pas correct. Il serait même intéressant de pouvoir changer facilement ce code afin de tester plusieurs stratégies de calcul d'itinéraire. Pour atteindre cet objectif, l'enseignant responsable du projet propose aux étudiants d'appliquer le patron de conception Stratégie. Appliquez ce patron sur la classe* Robot *et l'opération* atteindrePosition *en définissant les stratégies* VersLaDroite*,* VersLaGauche *et* Aléatoire*. Expliquez l'intérêt de ce patron.*

Le robot est l'utilisateur, et l'algorithme est l'opération *atteindrePosition()*. Nous ajoutons donc dans la classe *Robot* l'opération *calculerItinéraire()*, qui utilise l'algorithme. L'interface *Algorithme* du patron est représentée par l'interface *CalculItinéraire*. Les différentes stratégies qui réalisent cette interface sont représentées par les classes *VersLaDroite*, *VersLaGauche* et *Aléatoire*.

La figure 5 représente l'application de ce patron.

**Figure 5**

*Application*
*du patron*
*de conception*
*Stratégie*

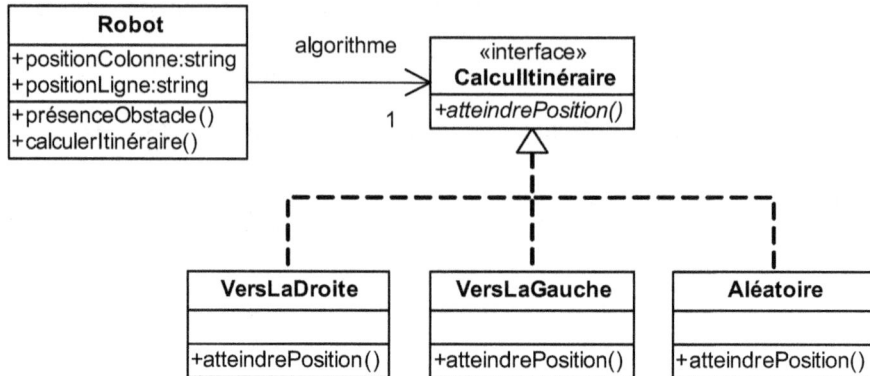

**11.** *Positionnez les classes relatives à la représentation géographique dans un package et les classes relatives au calcul de l'itinéraire dans un autre package.*

Nous plaçons dans le package `representationGeographique` les classes `ZoneGéographique` et `Position`, qui sont les seules à représenter effectivement une zone géographique. Dans le package `calculItinéraire`, nous plaçons toutes les autres classes.

La figure 6 représente ces deux packages.

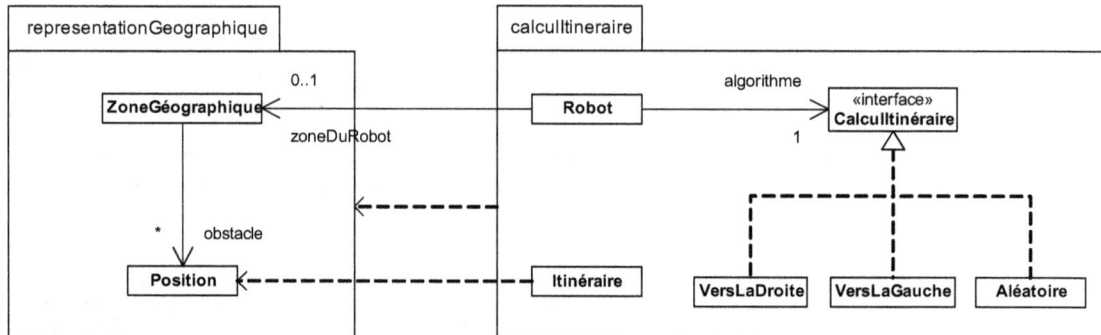

**Figure 6**

*Découpe en package de l'application*

**12.** *Définissez un ensemble d'algorithmes, et encapsulez-les dans des classes afin de les rendre interchangeables.*

Il existe souvent plusieurs algorithmes qui réalisent plus ou moins un même traitement (les différents algorithmes de tri, par exemple). Les utilisateurs de ces algorithmes doivent inclure tous les algorithmes s'ils veulent pouvoir changer d'algorithme en cours d'exécution. Ils deviennent alors très gros et difficilement maintenables. De plus, certains algorithmes ne seront pas forcément utilisés. Il n'est alors pas intéressant d'inclure le code des ces algorithmes. Pour finir, inclure tous les algorithmes dans les applications qui les utilisent fait qu'il est difficile d'ajouter de nouveaux algorithmes.

La solution consiste à définir une interface définissant la signature de l'exécution de l'algorithme puis à définir une classe concrète par algorithme différent, comme illustré à la figure 7.

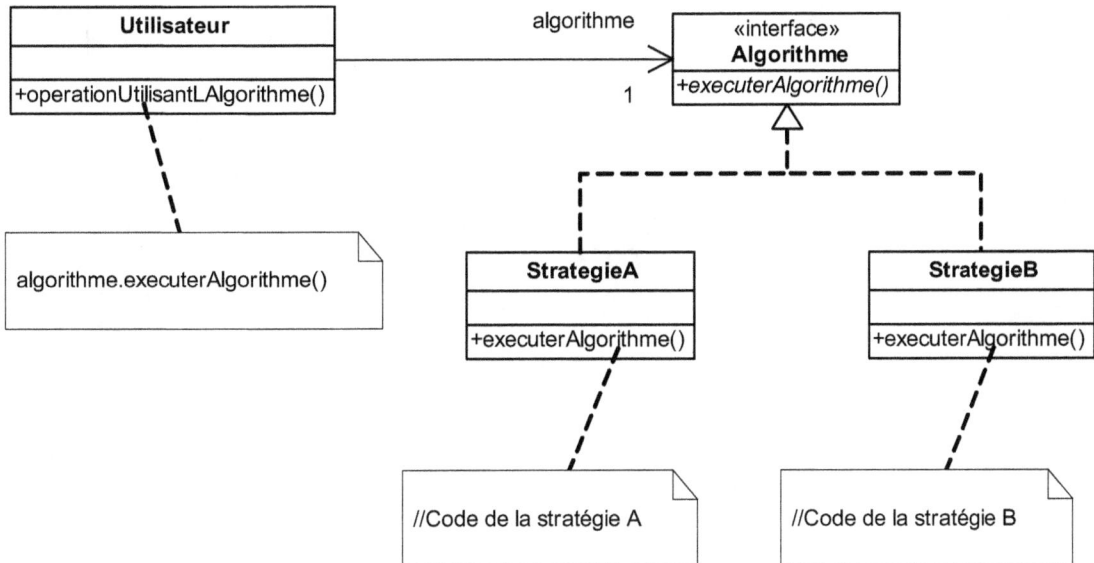

**Figure 7**

*Patron de conception Stratégie*

# Index

www.ingramcontent.com/pod-product-compliance
Lightning Source LLC
Chambersburg PA
CBHW051211200326
41519CB00025B/7077